汉译世界学术名著丛书

# 科学哲学的兴起

〔德〕H. 赖欣巴哈 著

伯尼 译

商務印書館
创于1897　The Commercial Press

Hans Reichenbach
## THE RISE OF SCIENTIFIC
## PHILOSOPHY
(University of California Press, 1954)

# 汉译世界学术名著丛书
# 出版说明

我馆历来重视移译世界各国学术名著。从五十年代起,更致力于翻译出版马克思主义诞生以前的古典学术著作,同时适当介绍当代具有定评的各派代表作品。幸赖著译界鼎力襄助,三十年来印行不下三百余种。我们确信只有用人类创造的全部知识财富来丰富自己的头脑,才能够建成现代化的社会主义社会。这些书籍所蕴藏的思想财富和学术价值,为学人所熟知,毋需赘述。这些译本过去以单行本印行,难见系统,汇编为丛书,才能相得益彰,蔚为大观,既便于研读查考,又利于文化积累。为此,我们从1981年至1989年先后分五辑印行了名著二百三十种。今后在积累单本著作的基础上将陆续以名著版印行。由于采用原纸型,译文未能重新校订,体例也不完全统一,凡是原来译本可用的序跋,都一仍其旧,个别序跋予以订正或删除。读书界完全懂得要用正确的分析态度去研读这些著作,汲取其对我有用的精华,剔除其不合时宜的糟粕,这一点也无需我们多说。希望海内外读书界、著译界给我们批评、建议,帮助我们把这套丛书出好。

商务印书馆编辑部

1991年6月

# 目　　录

# 原　序

　　许多人都认为哲学是与思辨不能分开的。他们认为,哲学家不能够使用确立知识的方法,不论这个知识是事实的知识还是逻辑关系的知识;他们认为,哲学家必须使用一种不能获致证实的语言——简言之,哲学不是一种科学。本书旨在建立与此相反的论点。本书认为,哲学思辨是一种过渡阶段的产物,发生在哲学问题被提出,但还不具备逻辑手段来解答它们的时候。它认为,一种对哲学进行科学研究的方法,不仅现在有,而且一直就有。本书想指出,从这个基础上已出现了一种科学哲学,这种哲学在我们时代的科学里已找到了工具去解决那些在早先只是猜测对象的问题。简言之,写作本书的目的是要指出,哲学已从思辨进展而为科学了。

　　这样一种写法,在它对于哲学的以前各阶段进行分析时,必然是批判的。因此,在本书第一部分所涉及的是考察传统哲学的种种缺点。这部分的探讨方向是思辨哲学所以发达的心理根源。因此,它对于弗朗西斯·培根称为"剧场的偶像"的东西采取了攻击的形式。这种偶像即以前种种哲学体系的力量,在培根死后三百年,仍旧足以向批判进行挑战。本书的第二部分转向对于现代科学哲学的阐述。它企图把经由现代科学的分析和使用符号逻辑而发展出来的种种哲学成果收集在这里。

本书所涉及的虽说是哲学体系和科学思想,但在写作时并没有假定读者对于它的主题已具有专业知识。这里所谈到的哲学概念和学说——都伴随着它们所受的批判而作了说明。本书虽然论及现代数学和物理学的逻辑分析,但并没有预先假定读者是数学家或物理学家。只要读者有足够的普通常识,期望学到一些多于普通常识的东西,他就具有充分准备,能够随着本书的论述前进了。

因此,本书可以用来作为一本哲学的入门书,特别是科学哲学的入门书。但它并不打算对传统哲学材料作所谓"客观的"阐述。对于种种哲学体系也没有企图采取那种解释者的态度去加以说明;那种解释者希望在每一种哲学里都发现一些真理,希望能使他的读者相信每一种哲学学说都是能够为人理解的。这种讲解哲学的方法是不很成功的。许多人曾经想从自称为客观的阐述中学哲学,结果发现哲学学说仍旧是他们所不能理解的。另外有一些人用尽方法想理解各种哲学体系并想把哲学的成果和科学的成果结合起来,但后来发现他们没有办法使科学和哲学联结在一起。现在,如果哲学显得不能为无偏见的人所了解,或不能与现代科学并存不悖,这过错必定在哲学家方面。他过于喜欢牺牲真理去迎合作出答案的欲望,牺牲明确性而屈服于用图像来说话的诱惑;他的语言缺乏精密性,而这正是科学家避免错误的暗礁的罗盘。因此,如果一部阐述哲学的著作是客观的,它应该在批判标准上是客观的,而不应在哲学的相对主义的意义上是客观的。本书所作的探讨,意图达到这样一种意义的客观性。这本书是写给许多那样的人看的:他们曾读过一些论哲学和科学的书而得不到满足,他们努力要获得意义,却碰在词句的壁障上而受到阻难;但他们并不放弃希望,认为总有一天哲学会变成像科学一样令人信服、一样具有威力。

这样一种科学哲学已经存在这一事实是还未为人充分知道的。作为思辨哲学的一种残余,一片暧昧的雾气仍旧遮住了那些没有受过逻辑分析方法训练的人的眼睛,使他们不能清清楚楚地看到哲学知识。为了希望这片雾气能在清晰意义的新鲜空气中消散掉,因此我作了这样一次研究。本书的意图是探讨哲学错误的根源,然后提出例证,证明哲学已摆脱错误而升向真理了。

H.赖欣巴哈

洛杉矶,加利福尼亚大学

# 第一部　思辨哲学的根源

## 1. 问　题

这里是从一位著名的哲学家的著作中抄下来的一段话："理性[3]是实体，也是无限的力，作为一切自然生命和精神生命的基础的它自己的无限物质；它同样也是使物质运动的无限形式。理性是一切事物从中获得存在的实体。"①

许多读者对于这样的语言产品没有耐心。在这里面不能看到任何意义，他可能感到想把那本书丢进火炉里去。如果想从这种情绪上的反应进步到逻辑批判上去，那就要请这样的读者采取一个中立的观察者的态度来研究一下所谓哲学语言，一如博物学家研究一个罕见的甲虫标本一样。对错误的分析开始于语言分析。

学哲学的人通常并不为晦涩的表述所激恼。反之，在阅读前面所引的一段话时，他大概会相信，如果他看不懂，那一定是他的过错。因此他会一遍又一遍地读下去，这样会在最后达到一个阶段，那时他以为他已读懂了。在这时候，他会认为那已十分明白，理性包含着一种无限的物质，那是一切自然生命和精神生命的基

① 引自黑格尔的《历史哲学讲演录》的绪论。——译者

〔4〕础，因此是一切事物的实体。他已为这样一种说话方式所影响，以至于把一个受过较少"教育"的人会作出的一切批评都忘掉了。

现在请考虑一下一个受过训练、使用语言时使每一句句子都具有意义的科学家。他把他的陈述表述得他自己总能够证明它们是真的。他不在乎在证明中包含着一大串思想环节；他不畏惧抽象的推理。但他要求，抽象的思想多少总需与他眼睛所看见、他耳朵所听见、他的手指所触到的东西有点联系。这样一个人如果读到前面所引的那段话，他会怎么说呢？

"物质"和"实体"这两个词对他并不是陌生的。他曾在他许多次实验的记述中使用过这两个词；他已学会测量一种物质或一种实体的重量和坚度。他知道一种物质可以包含若干种实体，这些实体的每一种都可以与那种物质的外观大不相同。因此，这两个词的本身并不带来任何困难。

但是，哪一种物质是作为生命的基础的呢？有人也许愿意假定那就是构成我们的身体的那种实体。那么，这怎么又能和理性是一个东西呢？理性是人的一种抽象能力，是在人的行为中，或是说得谦逊些，在人的行为的某些部分中，表现出来的。上面所引的那位哲学家是不是想说我们的身体是由它本身的一种抽象能力所构成的呢？

就是哲学家吧，他也不能说出这种荒谬之论来吧。那么他所意味的是什么呢？大概他是想说，宇宙间所发生的一切都是被安排为服务于一个合理的目的的。那是一个成问题的推测，但至少不失为一个可理解的推测。可是，如果这是那位哲学家想说的一切，他为什么一定要用神秘的方式来说呢？

在我能够说明哲学是什么，哲学应该是什么之前，那是我想先作出答案来的问题。

# 2. 普遍性的寻求和假的解释 〔5〕

知识的寻求像人类的历史一样古老。随着合群而居和使用工具以期更丰富地满足日常需要的开始，**求知的愿望**就产生了，因为控制我们周围的事物、使之成为我们的仆役，知识是不可或缺的。

知识的本质是**概括**①。采用某种方法摩擦木头就能发生火，这是用概括方法从许多个别经验中得出的知识；这一陈述意味着以这样的方法摩擦木头**一定**会产生火。因此，发现的艺术就是正确概括的艺术。无关系的东西，如所使用的那块木头的特殊形状和大小，是被排除在概括之外的；有关系的东西，例如木头的干燥性，则包括在概括之内。"关系"这个名词的意义可以这样来定义：为求概括有效而必须提及的，那就是有关系的。把有关系的因素从无关系的因素中分离出来，即是知识的开始。

因此，概括是科学的起源。古代人的科学表现在他们所拥有的许多文明技术中，如：建造房屋、织造织物、锻造兵器、用船舶航行、耕作土地。在他们的物理学、天文学、数学中，它以更明白的形〔6〕式体现出来。我们所以有权利说古代有科学，是由于古代人曾经作出了不少个相当广泛的概括这一事实：他们已知道几何学的一

---

①　在英语里"普遍性"（generality）和"概括"（generalization）是从同一个语根来的，因此，"概括"也就是本章题目里所说的寻求普遍性。——译者

些规律,这些规律对于空间的一切部分无例外地都适用;他们已知道天文学的一些规律,这些规律执掌着时间;他们还知道好些物理学的和化学的规律,例如杠杆规律和有关热对于熔化的关系的规律。这些规律都是概括;它们表示某一蕴涵式适用于某一个特殊的类的全部事物。换言之,它们都是"如果……那么一定……"式的陈述。"如果一种金属被加热到足够程度,那么它一定熔化"这样一个例子就是属于这一类的。

　　进一步说,概括也就是解释的本质。我们说解释一个观察到的事实,我们所指的就是把这个事实归入一个普遍的规律里去。我们观察到,当白昼逐渐进行时,就有风从海上吹到陆地来;我们解释这个事实,是把它归入到这样一个普遍规律里:被加热的物体受热而膨胀,因此在同样的体积下就变得较轻了。我们就可以看到,这个规律是怎样应用在这个被研究的例子上的:太阳对于陆地的加热比对于水面为强烈,使地面上的空气变成较温暖而上升,因此就把它的地位让给了从海上来的气流。我们观察到,活机体为了生存需要食物;我们解释这个事实,把它归入能量守恒这一普遍规律里去。机体在活动中所消耗的能量,必须由食物的热量来补充。我们观察到物体在无支承时下落;我们解释这一事实,把它归入物体互相吸引这一普遍规律里去。地球这个大物体把许多小物体拉向它的表面。

〔7〕　　　我们用于最后那个例子里的"吸引"、"拉"等词,是危险的词儿。它们暗示着一种与某些心理经验的类似。我们被我们所想要的事物,像食物和一辆最新样式的小汽车那样的事物所吸引;我们并且喜欢把地球吸引物体想象成为一种欲望的满足,至少对地球

这方面而论是一种欲望的满足。但这种解释会是逻辑家称为**拟人论**的东西，那就是说，把人的性质强加于物理对象上。显然，在自然事件和人类关系之间进行类比并不能提供任何解释。当我们说牛顿的引力定律可以解释物体的坠落，我们的意思是，物体向地球的运动被归入一条普遍规律，按照这条规律一切物体是互相相趋运动的。牛顿所使用的"吸引"一词，只不过意味着物体互相相趋这样一种运动而已。牛顿定律的解释能力得之于它的普遍性，而不是得之于它与心理经验的表面类似。解释就是概括。

　　有时候，解释可以由假某种未被或不能被观察到的事实而完成。譬如，狗的吠叫可以用有一个陌生人向房屋走近来这一假设来解释；在山上有海洋化石可以用那里的地面曾有一时位处于较低的水平，并且为海洋所淹没这一假设来解释。但未被观察到的事实之所以有解释作用，只是因为它表示出那观察到的事实是一条普遍规律——当陌生人走近时狗就吠叫，海洋动物不能生活在陆地上。因此，普遍规律可以用作为推理论据来揭示新的事实，同时解释也成为一种用推论出来的事物和事件补足直接经验世界的工具。

　　无怪乎对许多自然现象的成功解释在人的思想中促起了一种要求更大的普遍性的冲动。大量的观察到的事实不能满足求知的[8]欲望；求知欲超越了观察，而要求普遍性。但是，不幸的是，人类总是倾向于甚至在他们还无法找到正确答案时就作出答案。科学的解释要求十分充分的观察和批判的思想；对于普遍性的期望越高，被观察材料的分量必须越多，思想就越需要有批判性。当科学解释由于当时的知识不足以获致正确概括而失败时，想象就代替了它,提出一类朴素类比法的解释来满足要求普遍性的冲动。表面的类比,特别是与人类经验的类比,就与概括混同起来了,就被当作是解释了。这样,普遍性的寻求就被**假解释**所满足了。哲学就是从这个土地上兴起的。

这样一种起源不会对形成良好记录有什么帮助。但我并不是在给哲学写推荐书。我要做的是解释它的存在和它的本质。它的弱点和它的长处都可以用它的源出于这样一个可疑基础来说明,这是事实。

先让我举例说明一下我所说的假解释是指什么。人类要想理解物理世界的愿望一直都导致了世界是怎样开始的这样一个问题。一切民族的神话都包括宇宙起源的原始说法。最为人知的创世故事,希伯来想象精神的产物,在圣经里记载着,其产生时代约为纪元前九世纪。它把世界解释为上帝的创造物。这是一种能够满足原始人类心理或稚气心理的朴素类型的解释,是从一种拟人类比法产生的:上帝造世界,就像人们造家屋、工具、园子一样。最普遍、最基本的问题之一,即关于物理世界起源的问题,是这样地采用一个与日常环境类比的办法作了回答。这一类图像之不足以构成一个解释,以及如果这些图像是真实的,那么这些图像也只能使这一解释问题更加难于解决,这两点都多次为人正确地论证过了。创世的故事就是一个假解释。

然而,话也得说回来——在这里面包含着多么有暗示性的力量啊!当时仍处在原始阶段的犹太民族向世界提出了一个这样生动的叙述,使古往今来的所有读者都感到它的魅力。我们的想象力被一幅描画着一个神的令人敬畏的图景所慑服;这个神的精神运行在水面上，他用寥寥几句命令使整个世界产生出来了。要想有一个强有力的父亲这种根深蒂固的天赋愿望被这个漂亮的古代的虚构满足了。然而，心理愿望的满足并不是解释。哲学向来总是因逻辑与诗搅混、理性的解释与比喻搅混、普遍性与类似性搅混而受到损害。许多哲学体系就像《圣经》一样，那是一首杰出的诗，充满着刺激我们的想象力的图景，但没有科学解释所具有的那种说明问题的力量。

希腊的若干宇宙形成论与犹太人的世界起源故事不同，它们假设了一种演化，而不是创世。在这方面，它们是较为科学的；但它们亦未提出现代意义的科学解释，因为它们也是靠从日常经验作出原始概括而构成的。公元前六世纪的阿那克西曼德认为世界是从一种他称之为 apeiron① 的无限实体演化而成。最初，热的与冷的分离，冷的变成地；热的火包围着冷的地。后来火被空气的轮状管道所捕捉住。火现在还是在那里面；火可以从管子的孔洞中〔10〕被看见，那就是太阳、月亮以及星星。生物是从包围着地球的湿气演化而来，开始时为低级形式；连人类也是以鱼的形式开始的。这位给了我们这些有关世界起源的幻想图景的哲学家把类比当作了解释。然而，他的假解释也还不是全然无益的，它至少是向正确方向走去的一种步伐。它们是原始的科学理论，如果用来作为进行进一步观察和分析的指示，最后可能会导致到较好的解释的。例如阿那克西曼德的轮状管道是解释星体圆形路径的企图。

有两种假的概括，可以分别为无害错误形式和有害错误形式。

---

① 希腊语，意为"无限"。——译者

前一种常出现在有经验论思想的哲学家中，比较容易在以后的经验的启发下得到纠正和改善。后一种常包含在类比和假解释内，所导致的是空洞的空话和危险的独断论。这一种概括似乎流行于思辨哲学家的著作中。

企图构造一条普遍适用的规律而运用表面类比法的那种有害的概括，可以拿前面绪论里所引的那段哲学文字为例。这段陈述所根据的观察是这样一个事实：理性在颇大程度上控制着人的行动，因此它决定着——至少是部分地——社会发展。这位哲学家为了寻找解释，他把理性看作与一种组成事物并决定其性质的实体相类似。譬如，铁这种实体决定着用它来建造的一座桥梁的性〔11〕质。显然，这一类比是颇不高明的。铁与桥梁是同类的材料；但理性与人体的材料不同，不能是人的行动的物质负荷者。公元前六世纪以"米利都的贤人"而著名的泰勒斯提出水是一切事物的实体时，他作了一次假的概括；观察到水包含在许多物质内，如泥土、活机体等之内，就错误地引申出水包含在一切事物之内的假设。然而，泰勒斯的理论，就其认为一种物理实体是一切其他物理实体的构成材料这一点而论，是有意义的；这至少是一种概括，虽然是一种假的概括，而不是类比。泰勒斯的话比起前面所引的那一段话来，高明得多了！

不严密的语言的害处，在于它创造着假观念，把理性比拟为实体这件事可以作为这一事实的极好的例证。写出那段话来的哲学家一定会强烈抗议把他的陈述解释为只是类比而已。他会坚决自称已找到一切事物的真正实体，他还会讥笑坚持物理实体的主张。他会说，实体具有一种"更深刻的"意义，而物理实体只是实体之中的一个特例而已。把这句话翻译成普通人能懂的语言,就是说,宇宙中所发生的事件与理性之间的关系就跟桥梁和造桥梁用的铁之间的关系一样。但这个比拟是显然站不住的,从上面的翻译可以看出,任何对类比所作的认真的解释,都会导致严重的逻辑错误。把理性称为实体,可以使听者产生某种形象,但是进一步使用这种词组就会把哲学家引入歧途,使他跳跃到逻辑不能保障其正确的结论上去。经由假类比而造成的有害错误是一切时代哲学家的通病。

在这一类比中所犯的谬误是叫做**使抽象物实体化**这一种错误的例子。像"理性"那样的抽象名词被当作为是指某种物体般的实[12]体了。在亚里士多德(公元前384—322年)的哲学里,在他处理形式和内容的地方,有一个这种谬误的经典性例子。

几何形物体呈现出有别于构成它们的内容的形式方面;在内容保持不变的时候形式能够改变。这一简单的日常经验成了哲学中一个尽管晦涩却有影响的章节的来源,其所以有这种可能,完全是由于误用类比的缘故。亚里士多德论证,一座未来的雕像的形式必定在那块木头被雕刻前就存在在它里面了,否则,后来就不会有这个形式;与此相同,一切变化都包含在内容取得形式的过程中。因此,形式必定是一种物质。显然,这一列推论只能靠着含糊其辞的方法才能作出。说雕像的形式在雕刻家雕刻雕像之前已存在于木头里,这意味着我们可能在这块木头里确定,或在它之中"看见",有一个表面与以后雕像的表面是同一的。读亚里士多德的著作时,使人有时感到,他真正所指就只是这一微不足道的事实。但是他的著作中的清楚而合理的章节总是伴随着晦涩的语言;他说过这样的话:一个人制造一个铜的球体是用铜和球形制造的,采用的办法是把形式放进材料里去,以后他发展到把形式看作为一种不变地永远存在着的实体。

　　一种比喻说法就这样成为哲学中叫做**本体论**的学科的根源;这一学科被想象为是研究存在的终极基础的。"存在的终极基础"这句话本身就是一种比喻;请原谅我,我现在姑且使用形而上学的语言而不作进一步的说明,简单地只加一句:对于亚里士多德说来,形式和内容就是这种存在的终极基础。形式是确实的实在,而内容则是潜在的实在,因为内容能够采取许多不同的形式。再进一步,形式和内容的关系是被视作为潜藏在许多其他关系背后的。在宇宙的图式中,上部球体和原素与下部球体和原素,灵魂与肉体,男性与女性的互相之间的关系就和形式与内容的关系一样。亚里士多德显然相信,其他这些关系可以采用跟形式与内容的基本关系作牵强比拟的办法而加以解释。这样,对类比进行拘泥的讲解就造成了一种假解释,即是不加批判地使用一幅图像而把许多不同的现象都归集在一个标签之下的那种假解释。

　　我同意,我们绝对不能采用作为现代科学思想的产物的批评尺度去评判亚里士多德的历史意义。但是,即使用他当时的科学标准去衡量,或是用他自己在生物学和逻辑学方面的成就去衡量他的形而上学也不是知识,不是解释,而是类比,即是说,是一种躲入图像语言中的逃避。想发现普遍性的迫切需要,使这位哲学家忘记了他自己成功地用于较小研究范围中的原则,并使他在还不能获致知识的处所依附在词句上飘游无定。这就是使观察和形而上学两者奇特地混在一起的心理根源,这一心理根源使这位杰出

〔13〕

的经验材料搜集者变成一个独断论的理论家，他用编造字句、虚构出不能转译成可证实经验的原理来满足他的解释愿望。

亚里士多德所知道的关于宇宙的构造、关于男性和女性的生[14]物学功能的知识，还不足以获致概括。他的天文学是地球中心说体系的，在这种体系中地球是宇宙的中心；他的关于繁殖机制的知识并不包含现代生物学中的基本事实：他并不知道男性的精虫和女性的卵相结合而产生一个新的个体。我们并不想责备他不知道不用望远镜和显微镜就不能发现的结果。但是，在缺乏知识的条件下，他把简陋的类比误认为是解释，这就是他的弱点。譬如说，谈到繁殖的时候，他说男性个体只是在女性个体的生物实体上压上一个模型。这一含混的说法即使作为一种比喻也是引人走入迷误的，因此不能被视为是走向更健全的思想途径的通路上的第一步。一些哲学体系之所以不能逐渐进行准备向科学哲学推进，而结果阻绝了这方面的发展，正是这种类比的悲剧性结果。亚里士多德的形而上学曾经影响了两千年的人类思想，至今还为许多哲学家所赞赏。

不错，现代一些哲学史家容许自己偶尔在对亚里士多德表示通常尊敬的范围内作了一些批评，自称要分辨开他的哲学卓见和他的体系中被他们认为是他那时代的不完善性的产物的那些部分。但是，作为哲学卓见提供给我们的东西也常常都是空洞的浮言，其中的意义是他本人未尝想到过的。形式与内容的关系可以用来作出许多类比，而不提供任何解释。辩解式的阐释是不能构成为克服一个哲学家的根深蒂固错误的手段的，如果对伟大人物的错误给予一些那么牵强附会的意义，把它们说成为对于人们在[15]

以后的时代已有能力加以证实的事物的预见性猜测，那是不会促进哲学研究的。如果不是那些把哲学史作为他们的研究对象的人们这样常常地拖迟了哲学史的进步，哲学的历史该进展得快的多吧。

我使用了亚里士多德的形式与内容的学说作为是我称为假解释的例证。古代哲学还给我们提供了这一种不幸的推理方式的另一个例子——柏拉图哲学。由于亚里士多德曾一度是柏拉图的学生，我们甚至可相信，他是由于他的老师常常使用图像语言和类比，所以倾向于他的思想方法。但我还是不想涉及常常为人所分析的柏拉图哲学对于亚里士多德的影响，而只想专门来考察柏拉图的哲学。它的影响可以在许多很为不同的哲学体系中追寻出来，因此，较详尽地来研究一下它的逻辑根源，那是有充分理由的。

柏拉图（公元前 427—前 347 年）的哲学基于一种最奇怪的，但又是最有影响的哲学学说——他的理念论。那么为人所赞赏，同时又是那么本质地违反逻辑的理念论，是由于企图提供一个对于数学知识的可能性及道德行为的可能性的解释而产生的。我将在下面第四章里讨论这个理论的后一根源，现在只谈前一个根源。

数学证明素来被认为是能满足最高真理标准的认识方法，柏拉图确实也很重视数学高于其余一切认识形式的优越性。但是数学研究如以哲学家的批判态度来进行，那就会导致某些逻辑困难。[16]这特别见诸于几何学，这门学科是处于希腊数学家的研究工作中的前列地位的。我现在要解释这些困难的逻辑形式以及我们今天用来叙述它们的术语，然后再讨论柏拉图所提出的解决办法。

略为涉猎一下逻辑学就可以帮助把问题弄清楚。逻辑家把陈述分为**全称陈述**和**特称**陈述。全称陈述即"一切"陈述；它们的形式是"某一类中一切事物都具有某种属性"。它们也叫做**普遍蕴涵**，因为它们所陈述的是，指定的条件蕴涵着属性的具有。例如，让我们来考察一下"一切被加热的金属都膨胀"这一陈述。它可以说成："如果一种金属被加热，它就膨胀。"当我们要把这样的蕴涵式用在一件特殊事物上时，我们必须确知，这个事物可以满足所规定的条件；那样我们才能推论，它具有所陈述的属性。例如，我们观察到一种金属是被加热了；于是我们就可以说，它在膨胀了。"这一加热了的金属在膨胀"这一陈述，则为特称陈述。

几何学的定理具有全称陈述或普遍蕴涵的形式。作为一个例子，我们来考察"一切三角形的诸角的和为 180 度"这一定理，或毕达哥拉斯的"一切直角三角形的斜边的平方等于另两边的平方的和"定理。当我们想应用这种定理时，我们必须确定所要求的条件是满足了的。例如，当我们在地上画一三角形时，我们必须用拉紧的绳子检查它的各边是否笔直；这样我们才可以确说，它的诸角的和会是 180 度。

这一类的普遍蕴涵非常有用；它们使我们能够预言。例如，关于加热了的物体的那个蕴涵式使我们可以预言火车铁轨在太阳下会膨胀。关于三角形的蕴涵式可以预言，当我们进行测量以三座[17]塔为三个顶点的三角形的诸角时，我们将获得什么结果。这种陈述被称为**综合陈述**，这个术语也可译为**报道陈述**。

另外还有一类普遍蕴涵。我们来考察"一切未婚男子都没有结过婚"这一陈述。这个陈述就不很有用。如果我们要知道某人是否未婚男子，我们必须先知道他是否没有结过婚；一旦我们知道他没有结过婚,那么这个陈述并未告诉我们其他任何事情。这一蕴涵并不能在它所指定的条件之上增加任何东西。这一类陈述是空洞无物的;这种陈述被称作为**分析陈述**,这个术语也可译为**自身说明陈述**。

现在我们必须来讨论一下我们怎么能知道一个普遍蕴涵式为真的这一问题。对于分析蕴涵,这个问题容易解决;"一切未婚男子都没有结过婚"这一陈述是从"未婚男子"这个词的意义中得出来的。对于综合蕴涵,就不同了。"金属"和"被加热"等词的意义并不包含任何与"膨胀"有关的东西。因此,这种蕴涵只有通过观察才能被证实。我们在我们全部过去经验中发现,加热了的金属膨胀;因此我们感到有权利建立这个普遍蕴涵式。

然而,这个解释在几何蕴涵式上就似乎站不住了。我们是从过去的经验中知道三角形的诸角之和为 180 度的吗? 对几何学方法略作反省,就可以得出否定的回答。我们知道,数学家对于三角形诸角之和的定理是有一个证明的。为了得到这个证明,他在纸上画上一些线条,给我们解释一些关涉到这个几何图形的关系,但并不测量角度。他乞援丁某些叫做为**公理**的普遍真理,从那些公理中他逻辑地推导出那个定理;譬如,他提到"给予一条直线和直线外一个点,通过这个点有一条,并且只有一条平行线与这条直线平行"这条公理。这条公理在他的几何图里作了例示。但是他并未用测量方法证实它;他并未测量这两条线之间的距离,以显示这两条线是平行的。

事实上,他甚至可以承认他的几何图是画得不高明的,因此并不能提供一个三角形或两条平行线的完善示例;但他会坚持说,他的证明无论如何是严格不差的。他会论证，几何知识从思维中，而不是从观察中产生的。画在纸上的那些三角形对于说明我们所谈的东西可以有帮助；但它们并不提供证明。证明是推理的事，而不是观察的事。为求进行这种推理，我们把几何关系形象化，然后来"看出"（指这个词的"较高级的"意义），几何学结论是不可避免的，因此是严格地真的。几何真理是理性的产物；这使它高于概括大量事例而获得的经验真理。

这一段分析的结果是，理性似乎能够发现物理事物的普遍属性。事实上，这是一个令人吃惊的推论。如果理性真理只限于分析的真理，那就会没有问题。未婚男子是没有结过婚的这件事只靠理性就能被知道；但是，因为这一陈述是空洞的，它并不提供哲学问题。对于综合陈述，情形就不然了。那么理性怎么能揭露综合真理呢？

在柏拉图时代之后两千多年，问题是以这样的形式由康德提出的。柏拉图没有这样清楚地提出这问题，但他一定已看到了这方面的问题。我们作出这样一个解释，是从他谈到几何知识起源时的态度中推论出来的。〔19〕

柏拉图告诉我们，在物理事物之外，存在着另外一类事物，这他称之为**理念**。在画在纸上的三角形、平行线、圆周图形之外，存在着三角形的、平行线的、圆周的理念。理念高于物理事物；它们以十全十美的完善方式显示出物理事物的属性，因此，我们瞧着物理事物的理念时能比瞧着物理事物本身时知道更多关于物理事物的知识。柏拉图所说的意思也是用有关几何图形的例子来说明的：我们所画的直线都有一定的宽度，因此并非几何学者所意味的线,那是没有宽度的;画在沙上的三角形的诸角实际上是一些小块的面积,因此不是理想的尖角。几何概念的意义与通过物理事物的它们的实现形式之间的不相吻合,使柏拉图相信,一定存在着合乎理想的事物或这些意义的理想体现。这样,柏拉图就得出了一个高于我们的物理事物世界的较高实在的世界;据他说,物理事物世界是**有几分**和理想事物相似的,它们以不完善的方式显示着理想事物的属性。

　　但是,并不单只有数学事物以理想形式存在。按照柏拉图,一切种类的事物都有理念,例如有猫的理念,人的理念,房屋的理念等等。简言之,每一个类名(一类事物的名称),或每一个**共相**,都指示出相应理念的存在。像数学理念一样,其他事物的理念也是完美的,它们在实在世界中的不完美副本则不然。这样,理想的猫以完美形式显出出"猫性"的一切属性,理想的运动家则在一切方面都高过于每一个实在的运动家;譬如,他显示出理想的身体形式。附带说一句,我们目前所使用的"理想"[①]一词的意义原来是从柏拉图的理论中得来的。

〔20〕　　理念学说对于现代思想说来虽然是那么古怪,可是在柏拉图时代所能获得的知识的范围以内,它一定曾被看作为一种能够求得解释的企图,一种能够解释数学真理的显然综合性质的企图。我们通过洞见(vision)看到理想事物的属性,从而获致实在事物的知识。对于理念的洞见被视为是知识的来源,可以和观察实在事物相比拟,同时它又高出于对实在事物的观察,因为它能揭露它的

---

　　①　ideal(理想)和 idea(理念,观念)两个词的语根是相同的。——译者

对象的**必然**属性。感官的观察不能告诉我们无误的真理,但洞见能够。我们用"思想之眼"看出,通过给定的一点只有一条平行线可与给定的线平行。因为这条定理我们觉得是一条无误的真理,它就是不能从经验的观察中得出的;它是由洞见告诉我们的,而这种洞见则是我们即使在我们肉体的眼睛闭上时也能进行的。我们不妨把柏拉图关于几何知识的见解作上面这样表述。不论怎样看待它,人们必须承认,它对几何学的逻辑问题透露了一种深刻的卓见。它为康德所拥护,不过康德采取了一种略加改善的形式;而事实上,直到十九世纪的科学发展才在数学基础上导致了一些新的发现,这些发现排除了柏拉图和康德对于几何学的解释,在这以前是没有一种较不神秘的见解能够取而代之的。

　　必须确认,对于柏拉图说来,洞见之能提供知识,只由于有理念事物之存在。存在概念的引申在他是不可或缺的。由于物理事物存在,它们能被看见;由于理念存在,它们就能被思想之眼洞见。柏拉图一定是通过这样的论证得出他的见解的,虽然他没有明白地表述出来。数学的洞见被柏拉图解释成为与感官知觉相类似[21]的。然而在这里,即使用相当于他的时代的批评尺度来评断,他的理论的逻辑也发生了不完密的地方。应该进行解释之处,是由类比来越俎代庖。而这一类比,显然是不太高明的。它消除了数学知识和经验知识间的内在差别。它忽略了"看见"必然关系是与看见经验事物有本质上的差别的。这是用一幅图像来代替了解释;由于这位哲学家用类比而不是用分析进行工作,他就杜撰了一个独立而"较高的"实在的世界。一如在前面所举的关于另外几位哲学家的示例中一样,对于类比所作的拘泥解释成了哲学上的一种错误见解的根源。关于理念的理论以及它对于存在概念的概括提供了一个假解释。

柏拉图主义者可能会用下面的论证设法替自己辩护。他会争论说，不应当对理念的存在作错误的解释。理念的存在不必一定和经验事物的那种存在完全一样。难道哲学家没有权利在他需要的时候以较宽的意义去使用日常语言中的某些词汇吗？

我不认为这个论据是柏拉图主义的很好的辩解理由。当然，日常生活语言中的某些词汇由于它们类似科学家所需的某些新概念而被借用到科学语言里去，那也是常有的事。例如，"能量"一词在物理学里是表示一个抽象意义的，它有些像日常生活中"精力"这个词的意义。[①] 然而，词汇的这种借用只在新意义是精确地确定了时，而且在这以后，这个词完全严格按照新意义而不是按照和旧意义的类比使用时，才可允许。一个物理学家说太阳辐射"能"时，绝不容许自己有太阳也像一个精力充沛的人一样是"精力充沛的"那种意思。这种语言会表现为再回到原意去的词义含混。这里，柏拉图的使用"存在"一词就不是科学方式的。如果是科学的，那么说有理念的事物存在这一陈述就应该用不包含这种成问题的用语的别的陈述来予以明确规定，而不应该独立地、作为具有可与物理存在相比拟的意义那样来使用。我们可以把理念三角形之存在定义为意味着我们能够用蕴涵方式谈论三角形。或是用代数来做例子。我们可以说，每一个有一个未知量的代数等式，只要它满足某些条件，那就存在着一个解；这样使用"存在"一词时，是指，我

---

① 这里，"能量"和"精力"在英语里是同一个词"energy"。——译者

们知道怎样去求得这个解。"存在"一词的这种用法是一种无害的说话方式，事实上也常为数学家所使用。但当柏拉图说理念存在时，这句话比起可以译成为公认的意义的表述来含义要多得多。

柏拉图所要的是关于获知数学真理的可能性的一种解释。他的理念论是作为这种知识的解释而建立起来的；即是说，他相信，说有理念存在就可以解释我们对于数学事物的知识，因为理念的存在使对数学真理的一种感知成为可能，一如一棵树的存在使对于一棵树的感知成为可能。显然，解释有理念的存在这样一种语言方式并不能帮他什么忙，因为它并不能用来说明对于数学事物可以有一种感官感知。相反地，他所获致的只是又包括物理存在性质又包括数学知识性质的那样一种理念存在的概念，这是一种把两样不可并存的成分混在一起的古怪杂拌，从此之后就一直扰[23]乱着哲学语言。

前面我说，当追求知识的愿望为假解释、为类比与概括的混淆、为使用图像以代替严格定义了的概念所满足时，科学就完蛋了。柏拉图的理念论，一如他当时的宇宙论，不是科学而是诗歌；这是想象的产物，而不是逻辑分析的产物。柏拉图在进一步发展他的理论中就毫不踌躇地公开展示了他的思想的神秘趋向而不是逻辑趋向；他把他的理念论和灵魂轮回说结合起来了。

这一转向是柏拉图在他的对话《美诺篇》中作出的。苏格拉底要想解释几何知识的本性，用一个对未学过数学的少年奴隶做的实验来作为例证，他似乎从这个奴隶那里获得了一个几何证明。他并不对那个孩子解释用于求解的几何关系；而是通过提问题的办法使他"看到"这些几何关系。这个吸引人的场面被柏拉图用来作为例证,来说明人对于几何真理有一种理性领悟,人具有一种天生的、不是从经验中得来的知识。这种解释,虽然不合现代见解,在柏拉图时代可能曾是够有力的论证,来证明理念之可以洞见。但柏拉图并不满足于这样的成果;他要把解释继续发展,还要解释天赋知识的可能性。在这一关节上苏格拉底主张天赋知识即是回忆,是人在他的灵魂的历次前生中所获得的理念印象的回想。在这些前生之中,有一生是在"诸天之外的天上"度过的,理念就是在那一生中被认知的。这样,柏拉图为求"解释"关于理念的知识就〔24〕乞援于神话了。在这里也很难了解,为什么在前生中洞见理念为可能,在我们今生就不可能——或者说,如果在我们今生也可洞见理念,何必还要什么回忆说呢。

诗意的比喻是逻辑所不加过问的。在希腊神话里,发生了一个为什么地球不落入无限的空间里去的问题,回答是:有一个巨人名叫阿特拉斯,把地球负在肩上。柏拉图的回忆说所具有的解释性质大致和那个故事一样,在这个回忆说里只是把关于理念的知识的起源从某一生移到另一生去而已。至于在《蒂迈欧篇》里所展示出来的柏拉图的宇宙论,与那种素朴的空想也相差无几,不同的只在于使用了抽象语言。譬如,他告诉我们,**存在**在宇宙发生之前就潜在着了。这种话如加以清醒的考察,会令人想起《爱丽丝漫游奇境记》里那只契县猫,在猫已消失不见的时候,它的笑容还可以看见;使哲学家在这种话里看到深刻智慧的,只是语言的晦涩而已。

但我并不想把柏拉图说成那么可笑。他的图像说着一种吸引想象力的有迷力的语言,——只是人们不该把它当作是解释而已。

柏拉图所创造的是诗，他的对话录是世界文学里的杰作。苏格拉底用发问法教育年轻人的故事是教育诗篇的美丽范本，它可以与荷马的《伊利亚特》和《旧约》里先知的训言并列。苏格拉底所说的话我们不应太当真；重要的是他是怎么说的，他是怎么刺激他的学生进行逻辑论证的。柏拉图的哲学是成为诗人的哲学家的著作。

当一个哲学家看到他不能回答的问题时，他想用图像语言去代替解释，似乎是一种不可抗的诱惑。如果柏拉图曾经采取科学家的态度研究过几何知识起源问题，他的回答会坦白承认："我不知道。"生于柏拉图后一代的数学家欧几里德建立了几何学的公理系统，但他并未企图对于我们的几何公理知识提出一个解释。相反，哲学家似乎就抑制不住他的求知欲。在整个哲学史上，我们发现哲学思维总是和诗人的想象连在一起；哲学家发问，诗人回答。因此，我们在阅读各种哲学体系的陈述时，应该把注意力多放在所提的问题上，而少放在所作回答上。基本问题的发现，其本身就是对于智力进步的重要贡献，当哲学史被看作为问题史时，它所提供的方面要比被视作为诸体系的历史时丰富多彩得多。可以追溯到远古的有些问题直到我们今天才获得科学答案。数学知识的起源问题就是其中一个。其他一些具有类似经历的问题将在下面一些章节中讨论。

本章所作的分析是初步回答了由于讨论本书开始时所引录的那段话而引起的关于哲学语言的心理问题。哲学家说着一种不科学的语言是因为他企图在作出科学答案的手段尚未具备的时候回答问题。然而，这个历史解释的有效性还是有限的。有些哲学家则在有了科学解答时还继续说图像语言。这个历史解释可以用在

〔26〕柏拉图身上,但对于那段说理性是一切事物的实体的引文的作者,他很可以利用柏拉图时代以后两千年科学研究的成果而仍旧并不利用,那就用不上了。

〔27〕     ## 3. 确定性的寻求和唯理论的知识见解

前一章所说明的是:各种哲学体系的晦涩见解根源于交织在思想过程中的某种**逻辑外的动机**。对于合法的、通过概括的办法来寻求解释的需要,却被人通过图像语言给予了一种假的满足。认识范围之被诗这样闯入,是由于想构造一个想象的图像世界的冲动所引起的;这种冲动往往能够比探究真理的愿望更强烈。图像思维之可以称作为一种逻辑外的动机,那是因为它并非一种逻辑分析形式,而是从逻辑范域以外的精神需要中产生的。

另外还有一种逻辑外动机也常常干扰分析过程。由感官观察所获致的知识,从整个上说来虽然在日常生活中是富有成效的,但它很早就被看出,并非是很可靠的。简单的物理规律只有很少一些,例如火是热的,人是必定要死的,以及未受支承的物体会下落等等,似乎是无例外地有效的;有例外的规律那就太多了,例如种〔28〕子植于地里会苗长,各种气候规律,以及各种医治人的疾病的规律。在更仔细地观察之下则常常又会发现,甚至于较严密的规律也有例外。例如,萤火虫的火是不热的,至少不是按"热"这个词的通常意义说来是热的;肥皂泡则可以在空气中上升。这些例外虽则可以用更确切的措辞表达其规律,更谨慎地陈述出它的有效性的条件和它的用语的意义来加以处理,但是仍常常存在着疑问,新的表述是否已排除了例外，我们是否可以断定，以后的发现就不会揭露这个改善了的表述的某种局限了呢。科学的发展，它屡屡指出旧学说的局限性并用新的学说去代替旧学说，给这种疑问提供了充分的理由。

疑问还有另一种来源：那就是我们的个人经验之可分为一个实在的世界和一个梦幻的世界这一事实。必须作这样的划分，从历史上说来，乃是人类进化较后期的一个发现；我们知道，我们今天的一些原始民族是不具有这样两个世界的清楚界线的。一个原始人梦见有人袭击他，他就把梦当作是实在，跑去杀那个人；如果他梦见他的妻子不忠于他而和另一个男人有关系，他就会进行类似行为以行报复，或是说求取公正，视观点不同怎样说都可以。一个心理分析家可能会在某种程度上原谅这个人，指出这种梦如无根据是不会发生的，因此，即使不会替报复辩解，至少可以把怀疑视为正当的。但这个原始人并不是根据心理分析的理由而行动的，而是由于他对梦境与实在缺乏一个清楚的区别。虽然我们今天的有普通常识的人会安然自得地感到不至于有这种混乱，然而，〔29〕稍作分析之下就可以发现，他的自信并不能被称为是有确定性的。因为，当我们做梦时，我们并不知道我们在做梦，只有以后醒来时，我们才能认清我们的梦是梦。那么，我们怎能自称我们现在的经验是属于比梦中的经验更可靠的类型的呢？这些经验之与一种实在感联系着这一事实，并不足以使这些经验成为更可靠的，因为在梦中我们也有这种感觉。我们无法完完全全地排除以后的经验会证实我们现在也是在做梦的可能性。这个论证并不是提出来来消除有普通常识的人对于他自己的经验的信任的；然而它指出，我们不能认为这种信任具有绝对的可靠性。

哲学家老是因为感官知觉的不可靠性而烦恼,他用上面所说的那种想法例示了那种不可靠性;此外,他还提到了清醒状态下的感官幻觉,例如一根棍子部分插入水中会呈弯折状态,或是沙漠中的海市蜃楼。因此,当他发现至少有一个知识领域即数学知识领域,看来是排除了幻觉的,他就感到很高兴了。

如前面已提到的,柏拉图认为数学是一切知识中的最高形式。他的影响曾对那样一种广泛传播的见解起了很大作用,那种见解认为,知识必须具有数学形式,否则就根本不是知识。现代科学家虽然把数学用来作为研究的有力工具,但他不肯无条件地承认这句格言。他要坚持主张,不能把观察从经验科学中取消,而只把在各个不同的实验研究结果之间建立联系这一功能留给数学。他很愿意用这些数学联系作为向导以追求新的观察发现;但他知道,这些数学联系之所以能对他有帮助,只是因为他从观察所得的资料出发,如果数学联系不能为以后的观察所证实,他随时随地都可以放弃数学结论的。现代意义的经验科学是数学方法和观察方法的成功结合。它的结果并不是被认为绝对确定,而只是被认为具有高度可能性,并对于一切实践目的具有足够可靠性。

然而,对于柏拉图,经验知识的概念仍然会是一种荒谬的东西。当他把知识与数学知识认为是同一件东西时,他想说的是:观察不应在知识中担任任何角色。"由或然构成的论证即是欺骗,"我们在《斐多》这篇对话录中从苏格拉底的一个学生那里听到这样一句话。柏拉图要的是确定性,不是现代物理学视为是唯一可获致的结果的那种归纳的可靠性。

当然,希腊人并没有可与我们现在相比拟的物理科学,柏拉图也不知数学方法和经验相结合可以获致多大的成就。然而,有一门自然科学,即使在柏拉图那时候,已经通过这种结合而获得伟大成就,那就是天文学。经由观察和几何推论,恒星和行星运行的数学规律已高度完善地被揭示出来。但柏拉图不愿意承认观察对于天文学的贡献。他坚持说,天文学之为知识,只是因为星辰的运动"为理性和智力所了悟"。照他说来,对星体的观察不能告诉我们很多关于支配它们运行的规律的知识,因为它们的实际运动是不完善的、不是严格地受规律控制的。柏拉图说,要假设星体的实在运动是"永恒的、不会发生偏差的",那是荒谬的。关于观察的天文家他是怎样看法的,他说得很清楚:"一个人如果是眺望着天空或[31]注视着地面以期学到一点知识,那我总要否认他能学到什么,因为那样做完全不是科学的事情;他的灵魂是在向下望而不是向上望,不论他的求知途径是水道或陆路,他是飘浮着,或只是仰天躺着。"我们不应观察星体,而应努力通过思考去发现星体运转的规律。天文学家应该"把天空放在一边",而用"天赋的理性"去接近他的题目(《理想国》,VII,529—530)。没有再比这几句话更强烈地拒绝经验科学的了,这几句话表示出这样一种信仰:关于自然的知识不需要观察,只要通过理性就可以获致。

怎么才能从心理学上解释这种反对经验的态度呢? 这是确定性的寻求,使哲学家否认观察对于知识的贡献。由于他要得到绝对确定的知识,他就不能接受观察的结果;由于他认为由或然构成的论证是欺骗,他就把数学当作是唯一可承认的真理的泉源来向之乞援。知识全部数学化的理想,与几何和算术同型的知识、物理学的全部数学化的理想,是从想找到绝对确定的自然规律这一愿望而产生的。这导致到要物理学家忘记他的观察,要天文学家不去观看星辰那种荒谬的要求。

把理性视为物理世界知识泉源的那种哲学曾被称为**唯理论**。这个词和它派生的形容词**唯理论的**需小心地与**理性的**那个词区别开。科学知识系由使用理性的方法而获致,因为它要求对观察到[32]的资料使用理性加以研究。但这不是唯理论的。这个谓语不能用于科学方法,只可以用于把理性视为关于世界的综合知识的泉源,并不要求观察来证实这种知识的哲学方法。

在哲学文献里,**唯理论**这个名称常只限于称呼近代的某些唯理论体系,而与被称为**唯心**主义的柏拉图型的各种体系区别开。在本书中,唯理论总是指其较广义的意义,是包括唯心主义的。这种解释法我看是合理的,因为这两类哲学就它们都把理性视为物理世界知识的独立泉源一点上说来是相似的。一切广义的唯理论的心理根源都是一种逻辑外的动机,即是说,这种动机是不能用逻辑来证明为合理的;这就是确定性的寻求。

柏拉图不是第一个唯理论者。他的最重要的先驱者是数学家、哲学家毕达哥拉斯(约纪元前540年时代人),他的学说对柏拉图有巨大影响。可以理解,数学家比任何其他的人都易于变为唯理论者。他知道逻辑演绎在有一门学科里并不需求助于观察就获得成功,他就可能倾向于相信他的方法也可以适用于其他学科。结果就产生了一种认识论,在其中悟性代替了感官知觉,理性被人相信是具有一种本身固有的力量的,它用这种力量可以发现物理世界的普遍规律。

作为真理泉源的经验的观察一旦被抛弃，那么离神秘主义就只有短短一步了。如果理性能够创造知识，那么人类思维的其他创造活动都可以像知识一样可靠了。从这种见解得出的结果是神秘主义和数学的一种奇特混合物；这种混合物自从起源于毕达哥[33]拉斯的哲学之后从来也没有死灭过。他对于数和逻辑那种宗教式的虔敬导致他作出这样的陈述：一切事物都是数；这一种学说简直不能译成有意义的语言。灵魂轮回说，前面涉及柏拉图的理念说时讨论过的，就是毕达哥拉斯的主要学说之一，据说这是他从东方宗教中搬来的。认为逻辑的洞见能够揭露物理世界的种种属性这种见解也是源出于毕达哥拉斯派的。毕达哥拉斯的追随者们实行着一种宗教崇拜仪式，其神秘性质表现于某些禁忌上，据说这种禁忌是这位祖师所规定的。例如，祖师教导他们说，在床上留下睡过的印痕是危险的，早晨起床时必须把床褥拉直摩平。

神秘主义还有一些与数学无关的其他形式。神秘主义者往往具有一种反理性的和反逻辑的偏向，对理性的力量表示轻蔑。他自称具有某种超自然的经验，这种经验能使他经由一种幻觉过程得到无误的真理。这一种神秘主义在一些宗教神秘主义者身上可以看到。在宗教范围以外，反理性的神秘主义没有什么重大作用，在本书中我可以不必多加讨论，因为本书所要做的是对与科学哲学有关并促成了哲学与科学之间的大论争的一些哲学形式进行分析。只有一种具有数学倾向的神秘主义在这种分析的范围之内。把这样一种数学神秘主义与各种非数学神秘主义形式联系起来的是它们都牵涉到超感性的洞见；把它与其他形式区别开来的则是[34]使用洞见来建立心智的真理。

　　当然,唯理论并不一律都是神秘主义的。逻辑分析本身就可能被用来建立一种被视为绝对确定,同时也与日常知识或科学知识有联系的知识。近代已产生了各种非神秘的科学哲学型的唯理论体系。

　　在这类体系中,我要讨论一下法国哲学家笛卡尔(1596—1650年)的唯理论。他在许多著作中提出了感性知识不确定性的论据,即上面已提到的那种论据。看来,他似乎因为一切知识的不确定性而感到烦恼;他对圣母许了愿,如果她给他的思想以启示,帮他找到绝对的确定性,他就到洛雷托去朝圣。他自述说,在他当军官时,在一次冬季行军中,他住在一个暖窑里的时候,这种启示降临到他身上;于是他去还了愿,表示了他对圣母的感激。

　　笛卡尔的绝对确定性证明是用一种逻辑魔术构成的。他论证说:我对一切事都能怀疑,只除了一件事实,那便是我怀疑。但是,当我怀疑时,我在思维;那么,当我思维时,我必定是存在着的。这样他自称用逻辑推理证明了自我的存在;我思故我在,这就是他的魔术式的公式。我说这种推理是一种逻辑魔术,我并不是说笛卡尔存心要欺骗读者;我是说,笛卡尔自己被这种魔术式的推理形式所骗。但是,从逻辑说来,笛卡尔这一推理中所完成的从怀疑到确定的步骤是类似一套戏法的——从怀疑开始,他把怀疑视为是一
〔35〕个**自我**的一个行动,从而相信他已找到了某种不能被怀疑的事实。

　　后人的分析已证明了笛卡尔论据中的谬误。自我这一概念并不像笛卡尔所相信的那样,是性质那么简单的。我们看见我们自己的方式并不和我们看见我们周围的房屋和人物的方式一样。我们也许可以说对我们的思维行动或对我们的怀疑进行观察;然而,

它们并不作为是自我的产物被知觉，而是作为分离出来的对象、作为由感觉所伴随的意象被知觉的。说"我思"这就已经越出了直接经验，因为在这句话里使用了"我"这个词。"我思"这一陈述所代表的并非一件观察所得的材料，而是一长串思维的终末，这一长串思维揭示了与旁人的自我有所不同的自我的存在。笛卡尔应该说"有思维"才对，这样就指的是思维内容的那种分立事件，思维内容独立于意志行动或其他涉及自我的状态的发生。但是，那样的话笛卡尔的推理就不再能作出了。如果自我的存在不为直接感知所承认，它的存在也就不能得到比其他对象的确定性更高的确定性，即采用对观察所得材料作一些动听的添加这一办法而取得的那种确定性，而受到确认。

　　对于笛卡尔的推论似乎没有什么必要再作更详细的反驳了。即使这个推论可以成立，它也不能证明很多东西，也不能为我们对于自我之外的其他东西的知识建立确定性——从笛卡尔继续论证的途径看来，那是很明白的。他首先推论，因为有自我，故必有上帝；否则自我不能获得一个无限存在的观念。他接着推论，我们周围的事物亦必存在，因为不然的话上帝就是一个骗子了。那是一个神学的论证，像笛卡尔这样一个著名的数学家竟作出这样的论[36]证来是够可怪的。有趣的问题是：一个逻辑问题，确定性的可获致性问题，怎么能用乱七八糟一大团由种种戏法和神学所组成的、不能为我们今天任何一个受过科学训练的读者认真看待的论证来处理呢？

　　哲学家们的心理是一个应受到比通常在叙述哲学史时所给予的更多注意的问题。对它进行研究很可能比逻辑分析的一切企图更能把各种哲学体系的意义弄得清楚一些。笛卡尔的推论中的逻辑是不高明的,但从那里可以收集到许多心理方面的材料。使这位杰出的数学家陷入这种混乱的逻辑里去的正是确定性的寻求。确定性的寻求似乎能使一个人对逻辑的公设视而不见,想把理性作为知识的唯一基础的企图似乎能使他抛弃切实推理的种种原则。

心理学家把确定性的寻求解释为是一种回到幼年时代去的愿望,在那个时代是没有怀疑的烦恼的,一切都是相信父母的智慧而行事的。这种愿望常常为一种要儿童把怀疑视为罪恶、把信任视为宗教命令的教育所加强。给笛卡尔作传的人大概是企图把这个一般性的解释与笛卡尔的怀疑的宗教色彩、他的请求启示的祈祷和他的朝拜圣迹(这些都表示这个人需要建立他的哲学体系来消解一个根深蒂固的不确定性意结)结合起来。不用对笛卡尔的情况作专门研究就可以从之得出一个重要结论:如果逻辑探讨的结果被一个预先想好的目的所决定,如果逻辑被用作为想要证明一〔37〕个我们为了某种别的理由而要建立的结果的工具,那么,论证的逻辑就极易流于伪误。逻辑只能在完全自由的气氛中,只能在不会用恐惧和偏见的渣滓妨碍它,而只会用汁液滋润它的土壤上茂盛。探究知识的本质的人应始终睁开眼睛,愿意随时接受切实推理所带来的任何结果;不论所得结果是否与他关于知识的见解相冲突。哲学家绝不能把自己变成他自己的愿望的奴仆。

这一准则似乎是烦琐的,但这是因为我们还未清楚知道照这准则做是多么不容易。确定性的追求之所以是错误的最危险根源,就因为它总是与要求较高知识联结在一起。因此,逻辑证明的确定性就被视为知识的理想；于是就提出了这样的要求：一切知识应该用像逻辑一样可靠的方法建立起来。为了看到这一看法的结果，让我们来更切近地研究一下逻辑证明的本质。

　　**逻辑证明**即所谓**演绎**；结论是由别的陈述，即被称为是论证的前提进行演绎而获得的。论证应构造得如果前提为真，结论也必定为真。例如，从"一切人都有死"和"苏格拉底是人"这两句陈述，我们可以得出"苏格拉底亦有死"的结论。这一例子说明了演绎的空虚；结论不能陈述多于前提中所说的东西，它只是把前提中蕴涵着的某种结论予以说明而已。即是说，它只是揭示了在前提中所包藏的结论而已。

　　演绎的价值就立足在它的空虚上。正因为演绎不会把任何东西加在前提里面，它就可以永远应用而不会有失误的危险。说得[38]更确切一些，结论不会比前提不可靠。演绎的逻辑功能便是从给予的陈述中把真理传递到别的陈述上去——但这就是它所能办到的全部事情了。除非另有一个综合真理已被知道，它是不能建立综合真理的。

　　前面例子里的两个前提，"一切人都有死"和"苏格拉底是人"，都是经验真理，那即是，由观察得来的真理。从而，结论"苏格拉底亦有死"也是经验真理，并不比前提具有较多的确定性。哲学家一直想找到一种不会受到批判的较好的前提。笛卡尔相信他在他的前提"我怀疑"里具有不可诘难的真理。前面已经解释过，在这个前提里"我"这个词是可以受到诘难的，推论亦不能提供绝对的确定性。然而，唯理论者还不肯放手，还要继续寻找不可诘难的前提。

现在有这样一种前提，这种前提是逻辑原理所给予的。例如：每一种本质与其自身是同一的，每一语句或是真或是假——逻辑家的"活下去还是不活下去"——等等，都是不可诘难的前提。它们的缺点是：它们也是空虚的。它们关于物理世界并没有说出什么来。它们是我们描述物理世界所用的规则，但对所描述的内容并无贡献；它们只决定描述的形式，即描述的语言而已。因此，逻辑原理是**分析的**。（这个词前面已使用过，意为"自明的和空虚的"。）与此相反，向我们报道一件事实的陈述，像我们用眼睛所作的观察那样，则是**综合陈述**，即是说，它们给我们的知识增加了一些东西。然而，经验向我们提供的一切综合陈述都是可受人怀疑的，也不能给予我们绝对确定的知识。

[39]

想用分析的前提建立所期望的确定性的企图，曾在十一世纪坎特布莱的安瑟伦所构成的那个著名的上帝存在的本体论证明中尝试过。这个证明最初先把上帝定义为无限完善的存在物；由于这样的存在物必定具有一切必有的性质，因此它也必定具有存在的性质。因此，结论就得出了，上帝是存在的。事实上，这里的前提是一个**分析**前提，因为每一个定义都是分析的。由于上帝存在这一陈述是综合的，这个推论就是一个戏法，它从一个分析前提中得出了一个综合结论。

这个推论的谬误性质可以从它的荒谬结论上很容易地看出来。如果可以从一个定义推出存在，那么我们也可以先定义有三条尾巴并存在的这样一个动物为猫从而证明三条尾巴的猫的存在了。从逻辑上说来，这个谬误在于混淆了普遍与特殊。我们只能从定义推论出一个普遍陈述：如果有物是三条尾巴的猫，那么它存在,这也是真的陈述。但是,有三条尾巴的猫这一特殊陈述则不能得出。同样地,我们只能从安瑟伦的定义推论出如果有物是无限完善的存在物,那么它存在这一陈述;但并不能推出有这样的存在物的陈述。(附带说一句,安瑟伦的混淆普遍和特殊,是与亚里士多德三段论理论中存在的一个类似的混乱属于同一缘由的。)

　　看到具有综合性质的确定性不能从分析前提中得出,而需要有不可诘难的真理的综合前提才行的人是伊曼努尔·康德(1724—1804 年)。他相信这种陈述是存在的,并把它们称作为**先天综合**陈述。"先天"这个词的意义为"不是从经验中得出的",或〔40〕"是从理性中得出并且必然是真的"。康德哲学代表了想证明有综合的先天真理那种伟大企图;从历史上说,它代表了唯理论哲学的最后伟大体系。由于避免柏拉图和笛卡尔的错误,他是高出于这两位先行者的。他不让他自己承认柏拉图理念的存在;他也不像笛卡尔那样用变戏法的办法偷偷运进一个并不真正必然的前提。他自称已在数学和数学物理学的原理中找到了综合的先天命题。像柏拉图一样,他从数学知识出发;然而,他并不用较高实在性客体的存在,而用对经验知识进行巧妙的解释来说明这种知识。这我们马上就要讨论的。

　　如果说哲学史中的进步在于发现有意义的问题,那么对康德就需给予崇高的位置,因为他提出了关于综合先天命题存在的问题。然而,像别的哲学家一样,他自称有功的不在于提出问题,而在于他对问题的回答。他甚至用相当不同的方式表述了这个问题。他确信综合先天命题是一定存在的,因此认为几乎不必问是否存在;因此,他这样地提出了他的问题:综合先天命题怎样才属可能？他接着说,它的存在的证明是由数学和数学物理学所提供了的。

可以为康德的立场辩护的话是很多的。他认为几何公理是综合先天命题,证明他对于特殊的几何问题有深刻的领悟。康德看出,欧几里德的几何学之所以占有着一个无比的地位,就因为它揭〔41〕示了适用于经验客体的必然关系,这些关系不能认为是分析的。关于这点,他比柏拉图明白得多。康德知道,数学证明的严格性不能说明几何定理的经验真理。几何命题,像三角形的三角之和的定理,毕达哥拉斯定理,都是用严格的逻辑演绎从一些公理中推出来的。但这些公理自己却并不是那么可以推出来,它们之所以不能被推出来,因为每一个综合结论之被推出必须从综合前提出发才行。因此,公理的真理性就必须用逻辑之外的其他手段来建立;它们就必须是综合先天命题了。只要知道公理对于物理客体是真的,那么定理对于这些客体的可适用性就可由逻辑来保证,因为公理的真理性由逻辑推演传递给定理了。同样地,如果有人确信几何定理可以用于物理实在,那么他就承认公理的真理性,因而综合先天命题是可信的。就是那些不肯公开承认综合先天命题的人,他们也在用他们的行为表示他们相信它;因为他们总是毫不踌躇地在实际测量中应用几何学的成果。康德宣称,这一论证证明了综合先天命题的存在。

康德认为,从数学物理学可以构成同样的论证。他解释说,如果问一个物理学家,烟的重量是多少,他就会在燃烧前先衡计物质的重量,然后减去灰烬的重量。在这样测定烟的重量的手续中,已表示了质量不灭的假定。康德论证道,这样就证明了,质量守恒原理是一个综合先天真理。这是物理学家通过他的实验方法所认识到的。我们今天知道,康德所描述的这个计算是导致错误结果的,[42]因为它没有把与能燃物质化合在一起的氧的重量计算进去。然而,如果康德知道这一以后的发现,他也会论证说,虽然它略为改变了计算的方式,但并不与质量守恒原理相矛盾;如果氧的重量考虑进去,质量守恒原理仍旧是这一计算的构架。

　　照康德的说法,物理学家的另一个综合先天命题是因果性原则。我们虽然常常不能找到一个观察到的事件的原因,我们也并不认为它是无缘无故发生的;我们相信,只要我们继续寻求,我们必将找到这个原因。这一信念决定着科学研究的方法,也是每一个科学实验的推动力;如果我们不相信因果性,那就不会有科学。像在康德所建立的其他论证中一样,综合先天命题的存在在这里是援用科学程序予以证明的:科学是以综合先天命题为前提的——这一论点是康德哲学体系的基础。

　　使康德的地位这样牢固的是它的科学背景。他的寻求确定性,并不是属于那种诉诸于对理念世界的领悟的神秘形式,也不是采取逻辑魔术,从空洞的假定前提中推出确定性来,一如魔术师从空的帽子里变出兔子来那样的形式。康德动用了他当时的科学的力量来证明确定性是可以获致的;他还宣称,哲学家的确定性的梦想已为科学成果所证实了。康德从乞援于科学家的权威而获得了他的力量。

　　但是,康德在上面进行建筑的那个基地并不像康德所相信的那么坚实。他把牛顿物理学视为自然知识的最终阶段,并把它理想化为一个哲学体系。他从纯粹理性中推出牛顿物理学原理时,[43]

他相信他完成了知识的全盘合理化,达到了他的前人所未能达到的目的。他的主要著作的书名《纯粹理性批判》表示出他要想使理性成为综合先天知识的泉源,从而在哲学基础上把他当时的数学和物理学作为必然真理而建立起来的计划。

这是一件奇怪的事实,那些从外边注视并赞叹科学研究的人往往比那些在科学的进步中有所贡献的人对科学成果具有更大的信心。科学家知道在他能建立他的理论之前必须消除的困难。他感到帮助他发现与所给予的观察相适应的理论,并使以后的观察适应他的理论的,乃是一种幸运。他清楚看到,矛盾和困难随时都会发生,他也永远不能要求找到终极的真理。一如门徒比先知更为狂信一样,科学的哲学家便有对科学成果寄予太多信心的危险;而这是渊源于观察和概括的科学成果所不能保证的。

对科学成果可靠性的估价过高,并不限于哲学家;这已成为近代,即从伽利略到我们今天这段时代的普遍情形。相信科学能回答一切问题——如果有人需要作技术方面的咨询,或是说病了,或是有些心理问题不能解决,他只需去问科学家就可以得到回答——是那样的通行,这简直使科学接过来了一个以前本是宗教〔44〕所担任的社会职司:提供最终安全的职司。对于科学的信仰颇大程度地代替了对于上帝的信仰。甚至在宗教被认为是可与科学并存的地方,宗教也被信仰科学真理的人的心理状态所改变。康德完成他的终身事业的那个启蒙运动时代并未放弃宗教;但它把宗教转化为理性的教义,它把上帝变成为由于对理性的法则具有完全领悟所以知道一切的一个数理科学家。因此,这就并不奇怪,数理科学家就是以一个小神的姿态出现,他的教导必须作为是不存一点可疑之处的东西而被接受。神学的全部危险,它的独断论以及它通过确定性的保证对于思想的控制,都重新出现在把科学视为不会错失的哲学里了。

康德如能活到看见我们今天的物理学和数学,他很可能会放弃他的综合先天真理的哲学的。因此,让我们把他的著作视为他们那个时代的文献吧,视为用他对于牛顿物理学的信仰以满足他对于确定性的渴求的企图吧。事实上,康德的哲学体系只可以视为建立在以绝对空间、绝对时间、绝对的自然决定论为根据的物理学基础上的一种意识形态的上层建筑。这一根源说明了这个体系的成就和失败,说明了为什么康德曾被那么许多人视为一切时代最伟大的哲学家,为什么他的哲学对于我们这些看到了爱因斯坦和波尔的物理学的人已没有什么意义了。

这一根源也说明了这一心理事实:康德并未看出他想用来证明综合先天真理的逻辑结构中存在的弱点。正是那种预先规定的目的使这位哲学家对于他自己所引入的默默的假定视而不见。为了使我的批判清楚明白,我现在要讨论一下康德的综合先天理论的第二部分,他是在那里进行回答"综合先天命题怎样才属可能?"〔45〕这个问题的。

康德宣称,他能够通过一个证明先天原理是经验的必需条件的理论来解释综合先天命题的存在。他论证说,单是观察并不能提供经验,观察必须先受到整理和组织然后才能成为知识。照他说来,知识的组织是依赖于使用某些原理的,如几何学的公理,因果性原理,质量守恒原理等等,这些原理是人类思维中天生具有的,我们用它们作为调整原理来建立科学。他作结论说,它们是必定有效的，因为，没有它们，科学就会是不可能的。他称这种证明为综合先天命题的超验演绎。

必须认清，康德对于综合先天命题的说明要比柏拉图对于这一论点的分析高明得多。为了解释理性怎样能够具有关于自然的知识，柏拉图假定了存在着一个理念世界，这个世界是为理性所感知的，这个世界以某种方式控制着实在客体。在康德那里没有这种神秘的说法。理性之具有关于物理世界的知识是因为它规定了我们建立的物理世界图像的形式，这是康德的论点。综合先天命题是从一种主观根源中产生的；这是人类思维加于人类知识上面的一个条件。

让我们用一个简单的例子把康德的解释说得明白些。一个带着蓝眼镜的人会观察到每一件东西都是蓝的。如果他天生戴着那么一副眼镜，那么他会把蓝色视为一切事物的必需宾词，那就须经过相当时候他才会发现，这是他，更正确些是他的眼镜，把蓝色引入世界中来的。物理学和数学的综合先天原理就是那副我们戴着观看世界的蓝眼镜。我们不应该由于每一件事物都与它们相合而感到惊奇，因为我们没有它们就不能获得经验。①

〔46〕这一例子并不源出于康德；实际上这个例子也显然与这位写下了那些充满着用缠结不清的语言表述的抽象思考，使读者渴望

---

① 可能有人会提出异议，认为一个生来戴着蓝眼镜的人就不会知道蓝以外的颜色，因此不会感知到蓝是一种颜色。为了避免这一结果，让我们假设一个人生来具有蓝色的天然眼晶状体，但他的眼网膜和神经系统则是正常的。只要他的视觉是由内部刺激所产生的，那么他的视觉就会是正常的。因此这个人能在梦里看见蓝以外的颜色，于是得到结论，物理世界是受到一些限制的，而这些限制则并不适用于他的想象的世界。最后，他很可以发现，这种限制是根源于他的眼晶状体的构成而形成的。

有些具体例证的冗长著作的作者不调和的。康德如果惯于用科学家的简单明了的语言来说明他的思想，他也许早已发现他的超验演绎的价值是成问题的了。他也许会看出，他的论证如果进一步展开就会导致下面这样一种分析的。

假设经验永远不能否定先天原理的说法是对的。这就意味着，不论作怎样的观察，这些观察总是可以得到解释和说明，而满足先天原理的。例如，如果对三角形进行测量，结果与三角形三角之和的定理不合，那么我们就可以说这种不合是由于观察的误差，同时并对测出的量值进行"修正"，使满足几何学定理。但是，如果哲学家能够证明这种程序对于一切先天原理都必定是可能的，那么这些先天原理就会被证明是空虚的，因此也是分析的了；它们不〔47〕会限制可能的经验，因此也不能把物理世界的属性告诉我们了。把康德的理论向这个方向进行引申，实际上已由 H.彭加勒以**协定主义**的名称尝试过了。他把欧几里德几何学视为一种协定，即是说，视为我们加于我们整理经验用的体系之上的一套任意的规则。这种见解的局限性将在本书第八章讨论。为了说明协定主义在几何学以外部门中的意义，可以考虑一下"一切大于 99 之数都须用至少三个数码来记写"这一陈述。这一陈述只对于十进位制是真的，对于其他记数法，例如巴比伦人的以十二为记数体系的底数的十二进位制就站不住了。十进位制是我们用来记数的一个协定，我能够证明一切数都可以用这种记数法来记写。"一切大于 99 之数都须用至少三个数码来记写"这一陈述，当它指的是这一记数法时，它是一个分析陈述。为了把康德哲学解释为协定主义，我们就得证明康德的原理对于一切可能经验都能通用。

　　但是,这个证明是不能得出的。事实上,如果先天原理如康德所相信的那样是综合的,那么这个证明是不可能的。"综合的"这个词的意义是:我们能够想象出与先天原理相矛盾的经验;如果我们能够想象这种经验,那么我们就不能排斥总有一天我们会获得这种经验的可能性。康德会说,这种情形是不会发生的,因为原理是经验的必需条件,或换言之,因为在所考虑的情况下,经验作为一个整理过的观察结果的系统,会是不可能的。但是,他怎么知道〔48〕经验将总是可能的呢? 康德没有证明,我们永不会达到那样一个观察总体,那个总体不能在他的先天原理的构架中受到整理,那个总体会使经验成为不可能,至少会使康德心目中的经验不可能。用我们的例示来说,如果物理世界中不含有波长相当于蓝色的光线,这种情形是会存在的;戴着蓝眼镜的那个人将什么也看不见。如果科学里也存在相当于此的情况,如果康德那种经验会变成不可能的,那么康德的原理就可以被证明对于物理世界是无效的。由于有这种反证的可能性,那么他的原理就不能称为先天的。经验在先天原理的构架中必属可能这一设定是康德体系中未得到保障的假定,是他的体系所依靠的未得到证明的前提。他的未曾明白阐述他的前提这点,表示了确定性的寻求使他忽视了他的论证的局限性。

　　我并不想对这位启蒙运动哲学家表示不尊敬。我们之所以能够提出这一批判,乃是由于我们已看见物理学进入了一个新阶段,在其中康德的认识论体系的确已崩溃了。欧几里德几何学的公理,因果性原则,以及实体,已不再为我们今天的物理学所承认。我们知道,数学是分析的,数学在物理实在中的一切应用,包括物理几何学,都是只具有经验有效性,而须受到日后的经验所修正的;换言之,综合先天原理是没有的。只有到了现在,当牛顿物理学和欧几里德几何学被超过了之后,这种知识才是我们所有的。当一个科学体系正当旺盛的时候,是很难感到它的崩溃的可能性〔49〕的;当崩溃已成事实之后,那就容易指出这种崩溃了。

这种经验使我们足够地明智,以预见任何体系的崩溃。然而,这并不使我们灰心失望。新物理学给我们指出,我们能获致康德原理的构架以外的知识;人类的思想并不是一个僵硬的范畴体系,在其中装着全部经验;认识的原理是随着它的内容而变化的,这种原理可以适用于比牛顿力学的世界复杂得多的世界。我们希望,不论未来的情况怎样,我的思想将足够灵活,能够提出足以应付所给予的观察材料的逻辑组织方法。但那只是一个希望,而不是我们自称能对之提供哲学证明的信念。我们没有确定性也行。但是,对于知识达到这种较自由的态度,是经过了很长一段途程的。在我们能够展望到一个摒弃一切对永恒真理的要求的认识观之前,确定性的寻求是不能不在过去各种哲学体系中自行焚毁的。

# 4. 道德指导的寻求和伦理—认识平行论 〔50〕

苏格拉底:那么我们一起来探讨什么是美德吧?

曼诺:好的。

苏:因为我们还不知道美德是什么、是什么性质的,那么让我们且假定这样说:如果它是科学或知识,或既非科学亦非知识,那么它会是可传授的或不是可传授的;然后来考虑

它的可传授与否的问题吧。因为,至少这总是明白的吧,
传授给人的只能是科学或知识?

曼:我看也是这样。

苏:那么,如果美德是一种科学或知识,那么它是可以传授
的了?

曼:当然。

苏:这样我们很快就达到了这个假定性探讨的终点了;如果美
德是这种性质的,那它就是可传授的;如否,就不能传授。

以简略的形式引录在上面的柏拉图的对话录《曼诺》篇的这一
段里,苏格拉底讨论着美德是否知识这个问题。一如在也讨论了
这个问题的柏拉图的一篇较早的对话录《普罗塔哥拉斯》里一样,
苏格拉底并没有用清楚明白的"是"或"否"来回答。由于他含混地
使用"知识"和"传授"这两个词,他不能达到一个确定的回答。苏
〔51〕格拉底常常坚持说他从来不教,而只是帮助人用自己的眼睛去看
见真理。他所使用的方法就在于提问题。学生因为问题指引他注
意到某几点上,于是就学进去了;由于把有关的因素聚集起来并推
出结论,真正的答案就变成为人知道的了。几何学的学习是属于
这一类型的;求得一个证明所需的几何关系的真理性总是让学生
自己去辨认的,教师只能够引导他去实现这些领悟行动。但是,如
果学生由于这种辩证方法的结果而"学到"了,那么使他学到的这
个人很可以被称为是在"教"。事实上,如果苏格拉底把他的古怪
的用语扩展到几何学领域而否认几何学可以传授(他有时候就是
这末否认的),那么就要得出,几何学不是一种知识了(这个结论他

并没作过）。因此,把苏格拉底的见解解释成为说美德是一种知识形式,其意义正如几何学能被称为一种知识形式一样,看来是正确的。

这个解释可用苏格拉底自己对这问题的阐述证明为正确的。他想给曼诺指出,伦理问题可用什么方法来解决,为了这一目的,他就提到了获致几何知识的过程。对话正是在这个时候进行到前面所引述的场面而活泼起来,这时苏格拉底使一个少年奴隶懂得了一条几何定理。他想证明他的这个论点:为了要知道什么是美德、什么是善,一个人就必须完成一个领悟行动,这种领悟行动是与理解一个几何证明所需要的领悟行动同属一类的。这样,伦理的判断就被说成是从一种特殊的洞见形式,与几何关系的视觉化相类似的洞见形式,而被找到的。使用了这样一种论证,伦理领悟[52]就被说成为与几何领悟类同的。如果世界上有几何知识这样的东西,那么必定也有一种伦理知识——只要从苏格拉底—柏拉图的学说中清除掉用来表述它的诡辩论用语,这个结论看来是不可避免的。在这一意义上说来,这个学说就可以用"美德就是知识"这句论题来表达。

柏拉图和苏格拉底用这句论题建立了**伦理—认识平行论**,即把伦理领悟认为是认识亦即知道的一个形式的理论。一个人如果做出一个不道德的行动,那么他就是无知,就像在几何学上出了错的人是无知,意思是一样的;即是说,他不能够完成一种给他指示出善的洞见行动,这种洞见是与给他指示出几何真理的洞见是同属一类的。

如果我们把这种见解与圣经里阐述伦理原理的形式比较一

下，我们就可以看出一个重大的差别。在圣经里伦理准则是作为在西乃山授给摩西十诫的希伯来上帝的话而被提出来的。"不可杀人！""不可偷盗！"这些戒条的命令形式表示得很明白，这是一种命令，而不是关于事实的陈述，把伦理规条变为知识形式似乎是后来的发明。把十诫和自然规律或数学规律等同起来，希伯来人会认为这是对上帝的话的冒渎。当摩西五经写作出来的时候，知识尚未具有一种有组织体系的形式；埃及人的几何学只是一套测地和造神庙的实用规则。几何学之可以以逻辑证明的形式建立起来，乃是希腊人的发现。因此，把美德视为知识的见解是一种本质上希腊的思想方式。知识首先得获致希腊思想家通过作为一种逻辑体系的数学结构而加于其上的完美性和尊贵性，然后才能够被认为是能提供伦理规条的基础的。自然和数学的规律首先得被认为是规律、是把认知力加于我们身上、不容有任何例外的关系，然后才能被视为是伦理规条的平行物。"规律"这个字的双重意义①，道德命令和自然或理性规律这两种意义，可以证明这种平行论的结构。

〔53〕

提出这种平行论的动机似乎是要想把伦理学建立在比宗教好些的基础上。对于上帝的命令的信托可以满足从来不怀疑父亲的至高无上地位的天真的心。构造了数学的逻辑形式的人们则发现了一种新的命令方式，理性的命令。这种命令的非人格形式使它显得是较高形式的；不论它是否要求赞同我们相信上帝的存在，它

---

① 英语"law"一词，以及西欧许多语言中与之相对应的词，都具有"法律"和"规律"这两个意义。——译者

消除了神的规条是否善的这一问题，它消除了我们认为善行包含在服从一个至高的意志之中那种拟人化的见解。并不奇怪，要建立人人必须遵行的伦理规条的最好方式看来就得是信从伦理—认识平行论，信从美德即知识的那条论题了。

把伦理—认识平行论以极端形式提出来的哲学体系是斯宾诺莎（1632—1677 年）的伦理学。在这一个体系里，斯宾诺莎竟做到模仿欧几里德的几何公理构造，期望这样把伦理学建立在和几何学那样的坚实基础上。像欧几里德那样，他从公理和公设开始，然后引出一个一个定理来；他的《伦理学》确实像是一本几何教科书。这本书的前面几个部分，并不是我们所意味的伦理学；它发挥着一种普遍的认识论。后来它才进而讨论情感。斯宾诺莎发挥了一种[54]认为情欲是从灵魂的不适当观念中导致出来的理论。相当于苏格拉底认为不朽即无知的理论；在题名为《论人的束缚，或情感的力量》这一章里，他想证明，情欲导致苦恼，因此是恶的。当我们克服了情欲的力量时，我们就达到了幸福；获致这种解脱的力量就包含在理性中，如他在《论知性的力量，或论人的自由》那一章里所说的。他的伦理学是斯多葛主义的，只有知识的智力上的愉快才是善的；从情感的满足和生活的享受中取得的幸福，他虽不认为是不道德的，但他认为亦不是与道德有关的，而只能像食物对于肉体一样，给以适当的分量，使肉体能够进行它本性中所应有的一切事情。

斯宾诺莎在哲学家之中享有着崇高的声名；我以为，这种声名应是由于他的人格，而不是由于他的哲学。他是一个谦恭而勇敢的人，他为了自己的理论挺身不屈，并在他自己的生活中躬身力行他的伦理学。他靠磨制透镜而糊口,拒绝学术方面的职位,因为那种职位会限制他的思想自由。作为一个无神论者他受到各方面的攻击,由于他的异端思想他被逐出阿姆斯特丹的犹太人社会。对于一切批评他都置若罔闻,他对任何人都和善,从来也不表示任何敌意。

当我们把他的伦理学与其逻辑形式分离开来,它就代表着一个不动情感的人格的信条;对于这个人格,自制和智力劳动是最高〔55〕的善。他把他的伦理学演述为逻辑的时候,表露出他对逻辑的赞赏高过于他在逻辑方面的能力;事实上,他所推导出来的论点的逻辑性是不强的,那些论点如不外加一些默认的附加论点和心理解释,就不能为人所理解。他的体系完全不能被认为至少在其本身内部是有效的,即是说,不能被认为是从他的公理中正确地推演出来的。他的结论越出他的前提的内容太远了。例如,他把上帝存在的本体论证明也搬过来了。但是,无效的逻辑结构仍旧可以具有加强主观信仰的心理功能,谬误的推理也可以是一个教条的不可少的工具。斯宾诺莎需要逻辑形式作为后盾来支持他抑压情感,支持他对情欲方面的愉快采取非常冷漠的态度。因此,一如他之前的一些人所做一样,他利用苏格拉底对伦理学的理智化来建立一种轻视情感的伦理学。那也许是伦理—认识平行论的最为荒谬的后果。从斯多葛哲学的时代以来,把哲学家当作清心寡欲的人的见解统治着公众意见,使人在发现自己不能获致这样的明智而感到自卑。我不认为哲学家应该为了这种无情欲形式的光荣而活着。对于那些从清心寡欲中得到满足的人,我并不想劝说他们放弃他们的愉快;但我不认为其余的人应感到自卑,这些人的愉快是属于更具人性的一类的。使生命值得活下去的就是情欲;这一条规则也适用于哲学家,斯宾诺莎的情欲表现于对于逻辑的不幸热爱似乎与在别人身上得到表现的更耸人听闻的情欲类型并没有什么很大的不同。

斯宾诺莎的伦理学演绎结构,以及它的想证明伦理规条可以得到一个演绎证明的目的,是苏格拉底的"美德即知识"这一见解〔56〕的较精致形式。而且,它还把这种见解建立在一个较坚实的基础上,因为它指出,伦理知识并不只是理性领悟的产物,而也是可由理性思维的最有力的技巧,即逻辑推导,所能获致的。一如在几何学里那样,伦理学的公理只是演绎结构的出发点,这种演绎结构则通过推理的链环导致出一层一层的结果来。伦理学之所以是知识,并不只因为它的基本原理是"真的",而也因为它服从于逻辑推理的原则,并允许采用逻辑证明的技巧来建立道德规条之间的关系——这一论证表达出了斯宾诺莎的见解,也表达了苏格拉底和柏拉图的见解。

从认识领域和伦理领域两方面选取来的推导的例子,可以使这种平行论清楚明白。像获致知识的过程一样,找出什么是善的过程,也是渐进性的,并且是经由逐渐改善的领悟的步骤而完成过程的;传授真理和传授美德都一样,都在于帮助人走完这些步骤。例如,我们问,在三角形内可否画一圆,使三角形的三边都与圆周相切。我们想象出一些图形,在其中圆与三条边有这样一种关系,但我们还不知道,是否一切三角形都可以这样做,做起来是否不止只有一种办法。最后,几何证明获得了,每一种三角形都可以这样做,但每种只有一种办法。这一发现是逐步获致的,不论是我们自已找到这一证明,还是由教师演示给我们看的。同样地,我们问,对别人说谎是否善。我们可以回答,这有时是善的,有时则是恶的;但在进一步分析之下,我们看到,虽然说谎有时可以对我们个[57]人有利,但这并不是善,因为我这方面有这种行为可以导致别人也做出同样行为来,结果是在人类之间的关系中消除了互相信任。这种思考的逐步过程似乎与数学思考类同,因而也就说明了为什么伦理规条是可以传授的。

但是,对于推导过程的研究也可以对伦理学的认识观有新的启发。逻辑推导并不是一种发现终极真理的手段,而只是确立不同真理之间的关系的工具。在前面举出的例子中的数学推导在于证明如果某些公理已被假定,那么就会得出关于三角形内切圆制作的结论;前面讨论了的伦理学推导则提供一个证明,如果我们要达致某些目的,那么我们必须坚持不说谎的道德规条。说得更明白些,我们证明了的是:如果我们要获得一个社会秩序,在其中人类之间的关系建立在互相信任之上,那么我们必须不说谎。

在这两个例子里,可以证明的是"如果—那么"关系;这两个例子的共同之处则在于这种关系的可演绎性。美德之所以说能传授,是由于伦理思考和数学推导一样,包含一种逻辑成分,这种成分是可以由相应于数学证明的逻辑步骤的逻辑步骤分析而达致的。

逻辑演绎不能够创立独立的结果,这样说总不会说得太过的。它只是确定关系的工具而已;它从给定的公理推导出结论来,但它不能告诉我们公理的真伪。因此,数学公理需要分别对待,如前面已说明了的,它们是否为真这一问题导向它们是否为综合先天真理那样的问题。伦理演绎的分析也达到同样结果。像在数学里一〔58〕样,伦理学中的公理必须与推导出来的伦理定理区分开;并且,只有这两者之间的关系,即"如果—那么"式陈述"如果你接受这些公理,那么你必须接受这定理"才是可以获得逻辑证明的。因此,在分析之下揭示出,伦理学的有效性可以归结为伦理公理的有效性;如在数学里一样,演绎方法只能把可靠性问题从定理移转到公理上去,但它不能提供问题的答案。

　　为了要证明美德即知识,伦理判断是认识形式的,我们便得证明伦理学公理是认识性质的。逻辑演绎之可用于伦理问题在这方面并不能作任何证明。因此,伦理学的性质问题就被归结为伦理学公理的性质问题。

　　我们再一次地应归功于康德,是他看出伦理学问题便是伦理学公理的问题。他看出,演绎的分析性质像在数学中一样,使伦理规条的有效性不可能只以演绎为基础。他坚持主张,只有在伦理学公理问题得到回答之后,伦理学的性质才能被理解。然而,又是一次,康德自称应归功于他的并不是问题,而是他对问题所作的回答。对于这个回答,值得来研究一下;这个回答,像康德对于数学和物理学公理问题的回答一样,是唯理论所构造的最后一个重要阵地。

　　康德的回答包含在这样一个论题里:伦理学公理是综合先天判断,一如数学和物理学公理一样。在他的《实践理性批判》里,他试图对伦理学公理作出类似他在《纯粹理性批判》里对数学和物理学公理所作那样的推导。他在这本著作里阐述说,伦理学的公理〔59〕都可以归结为一个公理,他把这个公理称之为绝对命令,并表述为:"你一定要这样地行动,使你的行动的准则能成为普遍立法的原则。"①他用我们关于说谎的考虑这样的例子来说明这个公理的运用:说谎可能对某些个体有利,但它不能成为普遍立法的原则,因为它会导致没有一个人可以信托任何另一个人那样的荒谬结果。康德认为,只要人人努力追求理性的领悟,那么绝对命令的有效性就会是人人所承认的;绝对命令是通过一种洞见被看出是有效的,这种洞见是跟向我揭示出数学和物理学公理为必然真理的那种洞见相似的。在康德的体系里,由于伦理—认识平行论建立在综合先天判断的基础上,综合先天判断则包括了认识的和伦理的公理,并以理性的本质为其终极根源,这种平行论可说达到了它的顶点。"我头上是星空,我胸中是道德规律"——康德在这句名言里所象征的就是要求每一人承认的认识规律和道德规律的两重性。

康德没有能预见到,就是这个平行论会最终地造成他的伦理学的崩溃。在前面一章已说明过,认识上的综合先天真理是没有的,数学是分析的,物理学原理的一切数学表述都是具有经验性质的。如果我胸中的道德规律跟头上的星空向我揭示的规律同属一个类型,它或者是关于人类行为一个经验陈述,或者是像数学定理那样的伦理学公理与结论之间的蕴涵式的一种空洞陈述;但它不是无条件命令,或用康德所使用的传统逻辑语言来说,不是一个绝对(断言)命令。因此,康德的伦理学的失败与他的认识论的失败同出一源:它是从认为理性能够建立综合陈述这一错误见解引导

[60]

---

① 参看康德:《实践理性批判》,商务印书馆1961年版,第30页。——译者

出来的。

那是一个否定的回答：它说明，伦理学公理并非综合先天陈述。留下来的是去找到一个肯定的回答；即是，说明伦理学公理的本质。我不能在我的这一研究的历史部分来讨论这个问题，但将在第 17 章加以分析。但我愿意就康德的见解的心理根源再说几句话。

当我们更切近地研究这位哲学家的心理状态时，我们发现，道德上的综合先天判断的建立，在感情上比认识论上的综合先天判断的建立更使康德感到满足。他的阐述的枯燥炫学的文体在他的道德方面著述中常为对于伦理规条和概念所作的诗意呼吁和赞颂所间断。

> 义务！你这伟大而崇高的名字，在你之中不包含任何可爱或讨人喜欢的性质，而只要求服从；但也不是用任何会使人恐惧或产生天然的厌恶的东西威吓我们——你的宝贵的起源是在哪里呢？到哪里去找你那傲然拒绝和偏好发生任何血缘关系的高尚世系的根源呢？（这一根源是只有人才能为自己提供的价值的必要条件）①

是义务这个概念提供了开启康德伦理学的钥匙。只要我们的行动是以偏好为基础的，那么它就既不是善也不是恶，即使我们的偏好向着一个有价值的目的，如济人以急；使我们的行动成为是道德

---

① 此处英译本有错，兹根据德文原本订正，参看 Immanuel Kant：*Kritik der praktischen Vernunft*，第 121 页（Verlag von Philipp Reclam jun.Leipzig）。——译者

〔61〕的,乃是促使我们行动的义务冲动。这是对于助人的自然冲动的多大歪曲啊！在这种对伦理决心所作的理智化中表现出来的是一种多么矫揉造作的道德啊！康德是一个生活艰苦的中等阶级家庭的子弟,他的父亲是一个木匠,他的母亲是一个虔信的教派的热忱教徒。处于这样一种社会环境里,自恃和对于天然偏好采取放任的态度常被视作为罪恶的;看起来,这位成了名的木匠家庭的子弟对于自己能在高深的书本中推导出他在幼儿时代所熏陶的那种道德感,是感到幸福和自豪的。

他的哲学在他祖国所获得的成功,这种成功使他成为新教主义和普鲁士主义的哲学家,这进一步证明了,他在他的哲学体系中表述成为规条的就是某一部分中产阶级居民的伦理学。对于义务的赞颂代表着生存在物质条件艰苦、靠辛苦的劳作而生存、没有闲暇的一个社会阶级的伦理学;或是说,这是一个要求对上级的命令绝对服从的军人等级的伦理学。这两种条件都可以在康德的普鲁士得到满足。康德之拒绝承认某些集团或某些建制的权威,表示他是具有独立思想的,这确实使他与普鲁士政府发生了冲突。他如果只宣扬他的绝对命令所表示的社会合作的准则,我们将会把他视为民主社会的鼓吹者,把他归入洛克和美国革命领袖的一类中去。但是,他对于义务的崇拜中太过于啧啧称述从服从中推导出来的愉快,从奴颜婢膝中推导出来的满足了,那是长久地慑服在一个强大的统治阶级之下的中等资产阶级的特性。这位综合先天哲学家的悲剧在于他作为理性的终极结构而捧出来的东西是惊人〔62〕地相似于他所处的社会地位。他的认识方面的先天判断与他的时代的物理学相吻合,他的道德方面的先天判断则与他的社会阶级的伦理学相吻合。让这种吻合对于那些自命为找到了终极真理的人成为一种警告吧。

康德似乎曾按照目的高于手段的道理,把他的伦理学基础视为高出于他的认识论的成就。这种见解似乎是一切伦理——认识平行论者的特点。道德指导的寻求似乎是他们的探究的动机,所以要追寻认识方面的确定性似乎主要是由于它能提供找到道德方面的确定性的手段。这种把兴趣从认识方面移到道德方面的移转具有一种不良的效果:所获得的认识论是以歪曲了的形式被看到,它是为了提供一种对伦理绝对主义的支持而被构造起来的,因此不能对认识作出不偏不倚的阐述。这样,道德指导的寻求就成为一种逻辑外的动机,干扰着对知识的逻辑分析,现在必须予以指出,它的产物伦理——认识平行论对于认识论哲学的影响达到何种程度,而成为各种错误的主要认识根源。

由于一般说来,现实中的人是并不合乎道德地行动的,那么伦理学并不处理人的现实行为,似乎是明白易晓的。人应如何行动与人如何行动之间的区别是充分明显的,因此,伦理学似乎是研究理想的人的行为的。为了说明这一区别,伦理学的理论家引用了几何学规律与对现实中物理事物有效的关系之间的差别;他把理想的三角形与现实中的三角形作了区别,从而论证说,数学家发现几何事物的规范规律,其意义是与道德哲学家建立人类行为的规〔63〕范规律一样的。这样,数学的定理被解释为关于与**实在如何**有区别的**应该如何**的东西的陈述;其意义与伦理学定理应这样加以解释一样。

对数学作无成见的研究之后就立刻可以发现,这种类比是不能允许的,理想的几何形状固然不能在物理实在中找到,但几何学的规律至少在告诉我们对于实在事物近似地有效的关系。数学由于它提供对于实在的近似知识而描述着物理实在。它并不告诉我们实在应该如何,而只是实在如何。去要求一棵树的周边应是一个理想的圆周,那有什么意思呢?它实在是非理想圆周,但这个非理想圆周像一个理想圆周一样满足着几何规律,而理想圆周的规律之对我们有用,就因为这些规律近似地告诉我们对像树的周边那种非理想圆周有效的关系。

　　为了要支持这种类比,我们不妨试图把伦理学解释为具有与此相似的性质,可以告诉我们近似的人类行为。固然,一种描述伦理学,一种现存伦理规条的社会学记述,通常不是如此,而是通过对于人们的现实行为的描述进行阐述的。但我们至少也可以通过对于理想的人的研究,一如几何学者研究理想三角形那样,而从理论上建立一种描述伦理学。这是可能的,因为在某种近似范围之内,理想伦理规条是在被实现着的。例如,事实确乎如此,大部分人都不偷盗也不杀人。伦理理想是近似地被实现着的,因为,否则的话,作为社会集团的人就不能存在了。这样我们就可以获致一种描述伦理学,它会通过描述人的理想行为告诉我们近似的人的 [64] 伦理行为,一如几何学通过研究理想的空间形状告诉我们近似的物理空间度量间的关系一样。

　　但是,那并不是伦理哲学家所要的东西。他要的是道德指导,告诉我们应如何行为的规条,而不是关于我们如何行为的报告。由于他认为,理性或一种观念的洞见能揭示这种规条,他就不得不把数学的功能相反地理解成为规范性的,而不是描述的。这样他就得到一种见解,把思维说成是一个立法者。按较谦逊的说法,思维被认为是一种洞见的工具,这种洞见由于能看到存在的较高范域,因而能够感知到规范性法则。我们在这里碰到了存在领域多元论的心理根源,柏拉图就是这种多元论的主张者。现实的物理事物的不完善几何形状被视为是缺陷,一如道德意义上的不完善物,一如现实中人们行为的缺点一样;于是一个较高实在领域被引入了,在那里是没有这些不完善物的,不论是认识方面或道德方面。

这种对认识关系进行的道德评价,可以在道德论证之侵入像天文学那样的希腊科学上看出来。例如,星辰的天上轨道由于所谓地位崇高被视为是完善的圆周。树的周边之为不完善圆周就表示它们是低等的。由于这种见解的结果,实在的事物就被认为低于理想的事物。柏拉图的理念说表现了这种从对物理实在的评价到对理想实在的评价的转移。

康德发展了一个相似的见解,虽然是用不像柏拉图那样朴素的论证引入的。他把现象界的事物(现象)和自在之物(本体)区分开了。我们的一切知识都只限于现象界的事物,因为知识是把物〔65〕理世界的事物放在先天原理的构架中使呈现的。他论证说,在现象界的事物之后必定有着自在之物,即是还未放入几何学、因果性等等原理中时事物的本来面目。像柏拉图一样,他达到了一个超越的世界,这个世界不同于并且高出于观察和科学显示给我们的这个世界。

康德为什么需要他的自在之物,那是很容易明白的:他想建立一个领域来应用他的道德宗教原理。科学通过它的因果决定论剥夺了人类行动自由和上帝统治世界的余地,康德看来,这就危及了道德和宗教的基础。把科学限制在一种低等的实在中,从之把自在之物从现象界事物的决定论中提出来,似乎可以成为一条出路。康德的综合先天判断的主观倾向竭力要作出这样的解释:如果因果性规律和几何学只是由人的思维外加在一个绝对实在之上,那么这个实在本身是自由的,可不受阻止地服从道德律而不服从因果律。看这位牛顿物理学的哲学家怎么忙于要放弃他的整个物理学,以便救出他的宗教道德,真令人痛心。在《纯粹理性批判》第二版的序里他说:"我不得不限制知识,俾为信仰留下余地。"这个打算的祸害作用在他对他的"批判哲学"所作的最后转换中显现出来。就在这本奠定了他的认识论基础的著作中,在最后一章,题目为"超验辩证论"的,不折不扣地勾销了他以前的全部成果。康德自称要在这一章里揭示出,当理性越出现象世界时,它必然会导致矛盾,即所谓**二律背反**,避免理性的这种崩溃的唯一办法是相信上帝,意志自由,灵魂不死,那些把可见世界以外的那一个实在支持起来的原则。

[66]

康德的那几个所谓二律背反,本质上所涉及的只是空间和时间的无限性,并没有通过逻辑的考验。它们很容易由一种能正确处理无限数列的逻辑所解决。把因果性和几何学解释为由人类思维外加在事物之上的说法也已证明为不能成立的。因果律如果有效,那么一定对于自在之物亦有效;因为,否则的话,它不能用来预言未来的观察:人类思维并不能创造它的观察结果,它在知觉行动中本质上是处在被动地位上的。至于几何学,如我们今天所知道的,所描述的乃是物理世界的一种属性(参阅第8章)。因此,他要人为地限制理性的力量并要引入一个自在之物的形而上学实在，是没有任何根据的。但是，他的哲学的这个反科学部分自从发表在他的著作中以来，就成了科学敌人汲取根据的泉源。他们利用它来建立种种哲学体系，这些哲学体系损害着科学思想，自称建立了一个理想存在的世界，关于这个世界的知识是哲学家所能知道，也只为他所知道的。

就是这样，唯理论导致了唯心论的见解，前面已经介绍过，唯心论是唯理论的一个特殊变种，主张终极实在是保留给观念的，物理事物只是观念事物的不正确的复本而已。这种见解的最荒谬表述是把理性说成为一切事物的实体的理论，如本书开始处所引用的那段话所表述的那种。我们问过，哲学家为什么一定要把他的〔67〕见解这样说出来呢。现在我们可以作出回答来了：因为他的首要兴趣不在于知识的理解，而是别的什么。他希望把知识解释为能够提供道德指导基础的东西；他希望给知识建立一种确定性，那是感性知觉所不能获致的，在这同时他又打算在一种绝对伦理知识中建立一个与那种确定性相平行的东西。他毫不踌躇地用图像语言发展他的体系，因为他对科学说明的语言采取了错误的看法。

前面引录的那段话的作者是 G. W. 黑格尔（1770—1831 年），引文出自《历史哲学》的导言。在这里谈一谈他的哲学将是适当的，因为黑格尔的体系可以视作为唯心主义立场的极端形式——我要说，这是它的漫画形式，不知行不行？黑格尔与柏拉图和康德的不同之处在于，他并不像他们那样赞赏数学科学；此外，他与他们不同之处在于，他并没有达到他们的问题那种深度。但他重复了他们的全部错误，并把这些错误表现成那样的率直形式，使他的体系作为哲学所不应该有的形式的样本以供人研究。

黑格尔哲学的出发点是历史而不是科学。他企图构造一些他认为可以解释历史发展的简单图式来解释历史的人的发展，即我们有书写的历史以来人类历史时期的发展。这种图式之一是把历史和个体的成长相比拟。童年由早期东方各民族来代表；青年期他认为就是希腊时代；壮年期是罗马人所实现的；老年期则由我们现代来代表——这个时代在黑格尔那里并不是衰朽期，而是最高的成熟期。最高成熟期的最高阶段则由雇佣黑格尔在柏林当教授的普鲁士国家所达到。我不知道黑格尔对于希特勒的普鲁士该怎么说；也许他会在他的历史发展线的延续上给它一个位置，也许他更愿意把他的判断推迟到他看见希特勒帝国的崩溃之后吧。

这种原始的图式，只能与一个着手建立自己的哲学体系一年级大学生的程度相称，与他的另一个历史图式比起来是很不为人所知的。黑格尔认为，历史发展常常像钟摆似的从一个极端移到另一极端，然后达到一个第三阶段，这个阶段在某种程度上包括着前两个阶段的结果。例如，政治专制主义往往会接着发生民主革命，民主革命又会发展成为与人民权利结合起来的中央集权政府。他称这一图式为**辩证规律**。第一阶段为**正题**；第二阶段为**反题**；第三阶段为**合题**。

在人类思想史中有许多辩证规律的例子。天文学的宇宙见解的发展提供了一个例子：托勒密的地球中心论宇宙，地球处在中心地位上那样一个宇宙的见解，接着是哥白尼的太阳中心说宇宙，即地球是运转的，而太阳则是不动的中心的宇宙的见解。这两个相反的见解已被爱因斯坦的相对论见解所超过，同时并且"综合"起来了；按相对论说来，不论地球中心说或太阳中心说都可以得到可容许的解释，只要它们能从一个绝对运动的要求中解放出来。光的物理学理论的发展提供了另一个例子，光的理论从粒子说变为[69]波动说，最后这两种理论结合在把物质解释为又是粒子又是光波的二元论见解中（参阅第 11 章）。经验方法的一般进程，试验、错误，以及只是一次新试验的成功的方法，也可以视作为辩证规律的无穷进程。此外，这些例子表示，辩证规律具有一种可以随意揉捏的意义；它只是一个方便的框子，某些历史发展可以在过程走完之后被装进去，但要进行历史预测那它就不够精确、不够普遍了。而且它也不能被用来为一个确定的科学理论的真理性作论证：“爱因斯坦的运动理论是真的”这样一个论题，就不能从导致这一理论的构成的历史过程的辩证样式中推导出来，而必须建立在一些独立的根据之上了。

黑格尔如果满足于建立辩证规律，并用大量的历史材料和哲学材料来作例证，他可能成为一个伟大的历史家，一个历史科学家。如果是一个科学家，那他也就会看到他的三步规律的局限性，许多不能适用他的规律的例子，也就会去寻找应用它的特殊条件了。但他是一个哲学家，因而当了普遍性和确定性的寻求的牺牲者。他把他的辩证法规律概括成为一种逻辑规律，发展成为一个体系，根据这个体系，矛盾是内在于逻辑中的，即所谓把思想从一个极端推向另一极端，这样而产生辩证运动。例如，黑格尔论证说，“玫瑰是红的”这一陈述是一个矛盾，因为在这里面同一个事物被说成为两个不同事物，即玫瑰和红。逻辑家们早已解释过把类[70]属性和同一性混同起来的这一种见解的幼稚谬误：按照这个陈述，这一事物是同属于两个不同的类的,即玫瑰的类和红的事物的类,这不是矛盾。如果把两个不同的类认为是同一的,那才会发生矛盾;但这个陈述没有这个意思。黑格尔就企图用这种逻辑戏法建立他的被说成是一种无例外地普遍有效的逻辑规律的辩证法规律。

黑格尔把他对于辩证规律的解释和他对于人类进化的见解结合起来,达到了本书开头所引录的那段话所陈述的那么一些见解。实在的实体是理性;它推动实在从一个极端走向另一极端,把两个极端统一在较高水平上,然后又重新开始这个进程。那是图像语言;但黑格尔所说的东西无法用另一种方式来说,否则的话,它的荒谬性就要太显明了。如果我们把这个见解解释成是说世界在变得愈来愈合理,或一切事件都为一个合理的目的服务,那么这个陈述的伪误性是显然的。人类历史虽然包括着理智的和道德的进步的线索,但它是一个非常复杂的现象,无法用这样简单的方式来归类;谁会同意,物理世界的发展,例如星系的发展是按照着能满足人类理性的愿望或能实现人类视作为目的的东西的趋势而进行的呢? 黑格尔的体系是依靠着它的古怪的语言来吸引人的。

在黑格尔哲学里,对于道德指导的寻求采取了把道德目的强加入历史里面的形式;善最后总是会变成实在的,因为我们参与了历史过程,那么我们也必定得热望着善。用较明白的话来说,这意〔71〕味着,把关于将会发生的事物的陈述从关于应该发生的事物的陈述中推导出来。普通人称之为一相情愿;哲学家说它就是历史的目的论解释。对于这样一种哲学是用不着进行什么逻辑分析的;只有从心理学观点上看来,把它当作为当唯理论不再受逻辑所控

制时会发生的情形的文献证据，才使人发生兴趣。它提供了一个
实例：哲学家相信如果理性能够**发现**宇宙规律，那么理性也能够对
宇宙**制定**规律。

　　如果黑格尔未曾在哲学外面，在卡尔·马克思（1818—1883
年）的经济唯物主义里得到支持，他是否能获得目前那种大名，我
是有所怀疑的。黑格尔的辩证规律之被人应用在一个政治运动范
围内，使黑格尔的学说成为热烈论争的中心；社会主义的主张者和
反对者都用黑格尔哲学进行阐释而来讨论社会主义。然而，就马
克思的基本原理来说，马克思仍旧还是黑格尔的最伟大反对者，因
为他拒绝接受黑格尔对于理性力量的原始信仰。把思想意识运动
解释成为经济条件的结果，并鼓吹阶级斗争为走向进步的步骤，这
样一个人不是一个唯心主义者。马克思的历史立场是站在经验主
义那一方面的，这不仅因为他曾受到李嘉图那样的英国经验主义
的强烈影响，也因为只要把黑格尔的辩证规律了解为一种经验的
规律，那它也可以自圆其说地装进他的社会学里。如果马克思自
己认识到这一事实，关于社会学经验主义的历史我们该会得到一
幅清楚得多的图画。

　　我们如果希望理解，为什么马克思不明确地与黑格尔的形而
上学断绝关系，我们必须寻找一些心理学的解释。他把他的经济
史观引申为经济决定论，也许因此他就需要与一种唯心主义哲学〔72〕
取得联系作为这种学说的支持；按照这种学说，历史发展严格地由
经济规律所决定，一如行星的运行由物理规律所决定一样。但经
济条件只是历史发展的一个参与因素而已；人类心理则是另一个
因素，即使两个因素合起来也不能对人类社会的发展提供比统计

规律更多一些的东西。把一个参与因素视作为排斥其他一切的唯一原因，马克思已放弃经验论原则了。只有唯理论者和先天论者才能忽视社会学规律的仅只是统计性的这一点；经验论者知道，偶然因素永远不能从历史事件中完全排除，它也就排斥了即使对于主要历史趋向的严格可预言性。马克思的经济预言与其说是一种科学的研究法不如说更像是一种教条，马克思主义者对他们的大师的这种经济预言的狂信乃是黑格尔主义的复活，一种把先天直觉看得比经验证明更高的哲学的复活。

黑格尔曾被人称为康德的继承者；那是对康德的严重误解，也是对黑格尔的不当的过誉。康德的体系虽然被以后发展证明为不能成立，但不失为一个伟大的思想家要把唯理论建立在科学基础上的企图。黑格尔的体系则是一个狂信者的简陋的虚构，他看到了一条经验论的真理就企图在一切逻辑中最不科学的逻辑之内把它做成为一条逻辑规律。如果说康德的体系标志着唯理论历史发展的顶峰，那么黑格尔的体系就是属于作为十九世纪特色的思辨哲学没落时期的。关于这一时期，我在后面还要谈到。在这里可以先提出一点：黑格尔的体系比任何其他哲学体系更甚地促使了科学家与哲学家的分道扬镳。它使哲学变成为一个嘲笑的对象，而科学家则愿意从他的道路上清除掉这种东西。

〔73〕

科学与哲学之间的鸿沟现在显得是可以理解的了。唯理论哲学家从思想根部起就是反科学的。他的思想道路决定于想把科学结果和方法用来作为工具以达至非科学目的的逻辑外的动机。我们切勿为那些唯心主义哲学的先知常常表示的对于数学的赞美和称颂所欺骗。对于他们，数学只是他们的学说的一个例证，他们自己的观念的镜子；他们实际上并不知道知识（数学知识亦包括在内）对于一个根据知识本身的权利来研究知识的人的意义。

科学和思辨哲学之间是没有妥协可言的。让我们不必企图调和这二者，以期达到一个较高的合题。并非一切历史发展都按照辩证规律进行的；一种思想趋向可能会死灭，会让位于另一种从不同根源中兴起的思想趋向，就如一个只以化石形式存在的生物物种曾为另一个条件较好的物种所接替一样。思辨哲学在以康德的体系为顶点之后，只获得过一些平庸的代表人物，现在是在衰败中了。一种不同的哲学在抬头，这种哲学与科学是同族的，已回答了以前各时期的哲学所提出来的许多问题。我将先讨论一下这种哲学的历史根源，然后陈述它所作出的答案。

# 5. 经验论的研究法：成功和失败　　〔74〕

前面几章中关于种种哲学体系的讨论，并不是说已提供了一幅关于哲学的详尽无遗的图画。已提到的一些哲学家只是从某种观点选出来的；他们呈示出一种特殊的哲学形式，绝不能被视为代表着全部哲学的。他们的哲学的特点是这样一种见解：世界上存在着一个特殊的知识范域，哲学知识范域，人类的智力须用一种特殊的能力，叫做理性、或直觉、或理念的洞见才能获致这种知识。这些哲学家的各个体系就是这种能力的道地产物；人们相信他们提供了一种科学家所不能获致的知识，不能用构成科学的感性观察加以概括的方法获致的超科学知识。这种哲学在本书里用**唯理论**这个名称来表示。除了对于某些像黑格尔那样的例外，对于唯理论者,数学总是知识的理想形式;它提供了哲学知识以之为模型的样式。

然而,从希腊时代起就存在着另一种哲学形式,本质地不同于[75]前一种形式。第二种形式的哲学家认为经验科学,而非数学,是知识的理想形式;他们坚持认为感性观察是知识的最初泉源以及最后评判者,并认为,相信人类智力能直接达致空洞的逻辑关系以外的任何一种真理,那是自己骗自己。这种形式的哲学叫做**经验论**。

经验论方法根本地与唯理论方法不同。经验论哲学家并不自称要发现科学家所不能达致的一种新知识;他只是研究和分析观察到的知识,不论是科学知识或普通常识;同时并竭力设法理解它的意义和蕴涵。他不关心这样建立的认识论是否能被称为哲学知识;但他把它视为是用于科学家所使用的相同的方法建成的,因而拒绝把它解释为一种特殊哲学能力的产物。

经验论的纲领并非一贯是像我们现在所能陈述的那样清楚地被陈述出来的;经验论的纲领的形成本身也是一个漫长的历史发展的产物。较早的经验论者们对于经验科学并不具有我们今天所具有的清楚见解,并且常常为唯理论体系所影响。此外,他们的哲学往往包含一些部分,我们今天视为属于经验科学的,如宇宙起源论或物质的本性理论等。属于这类哲学的有希腊经验论者一些体系,在前苏格拉底时期和希腊哲学后期中都有。他们中最著名的是苏格拉底的同时代人德谟克利特,他被认为是第一个得到自然由原子构成的观念的人,因此他在科学史上和在哲学上都占有一[76]席地位。他的宇宙发生说是杰出的,因为它提出了一个经由原子的结合而形成种种复杂结构的进化假说。最初只有单独的原子在空间中穿来穿去；后来偶然地发展出冲突和旋涡，最后导致各种各样的物体的形成。大约一百年后，这些思想被伊壁鸠鲁所采取，伊壁鸠鲁的体系则在罗马时代为卢克莱修的著名诗篇《物性论》传给以后的世代。伊壁鸠鲁所说的原子运动有些不同，他的假说是：原子最初是垂直而平行地下落的，经过不知多少年，有些原子偶然偏离了自己的路线，于是和别的原子相撞。这一偶然的事件开始了事物的演变。

　　在较后的希腊哲学家中，怀疑论者可以视为经验论的代表。如果他们怀疑知识的可能性，这是因为希腊人把知识与绝对确定的知识等同起来了。卡尔内阿德（公元前二世纪）认识到演绎法不能提供这种知识，因为它只是从所与的前提中推导结论，不能确立公理的真理性。此外，他看到，为了在日常生活中作出判断，绝对知识是不必需的，公认的意见已足可以充作行动的根据。他从这个观点发展了一个或然性理论，划分了三种或然性，或三个等级的确定性。卡尔内阿德以他对意见和或然性所作的辩护，在一个认为数学确定性是唯一可允许的知识形式的知识界中奠定了经验论立场的基础。在与流行的唯理论学说不断冲突中发展起来的这些早期经验论者的见解绝大多数是怀疑论的；他们在攻击唯理论中表现了健康的，但也是消极性的倾向，并没有能进一步地建立一种积极性的经验论哲学。[77]

　　怀疑论学派历代都有人继续；卡尔内阿德以后约三百年，塞克斯都·恩披里柯（约公元150年）写了一部怀疑论学说的简述，这部著作给我们叙述了他的先辈，并且毫无疑惑地表示作者并不怀疑以感性知识为根据的有目的行动的可能性。他也是经验论医者学派的领导代表人物,这一学派力图从医药科学中排除掉思辨外加物。阿拉伯哲学家中有以生理光学著作著名的伊本—阿尔—海塔姆。在中世纪,哲学为教士们所独占了,因此经院哲学中没有很多的地盘留给经验论。像罗吉尔·培根、彼得·奥列奥里和威廉·奥卡姆那些人,他们勇敢地企图保卫经验论立场,但终究由于受到神学思想方式的熏染太深,不能和他们以前或以后的经验论者相比。这样说,并不是要缩小这些人物的历史意义;实际上,如果人的价值应该根据他的观点和周围意见怎样不同来衡量,那么,他们的经验论立场应受到一切在更经验论地思考的时代中的经验论者所赞叹。

　　唯理论和神学间的密切关系是可理解的。因为各种宗教教理都不以感性知觉为根据,它们就要求一种感性外的知识来源。自称找到这样一种知识的哲学家就是神学家的自然同盟者。希腊的伟大的唯理论者柏拉图和亚里士多德的体系就被基督教神学家所[78]利用来构造一种基督教哲学;柏拉图成了思想更神秘的一些集团的哲学家;亚里士多德成了经院哲学的哲学家。与神学的关系在一切时代都使唯理论者自以为在道德意义上高出经验论者一等。这两个集团间的对抗虽然在这一方面和在那一方面都同样地强烈感得到,但并不是采取对称形式的;唯理论者把经验论者视作为道德低下的,经验论者则认为唯理论者没有常识。

　　随着近代科学的兴起,约在公元 1600 年左右,经验论开始具有积极的、有根据的、能与唯理论作成功的竞争的哲学理论形式。近代给了我们弗兰西斯·培根(1561—1626 年)、约翰·洛克(1632—1704 年)、大卫·休谟(1711—1776 年)的伟大的经验论体系。现在必须把这些英国经验论者的立场和唯理论作一个比较。

经验论的论纲在这几个人的哲学里得到了清楚的表述。知觉是知识的泉源和终极验证，这个见解是他们的研究的最后成果。洛克说，思维开始时是一张白纸；经验在它上面进行了书写。思维中的东西没有不是先在感觉中的。然而感性知觉有两种：关于外部对象的知觉和关于内部对象的知觉。后一种对象是由心理事件如思想、相信、痛楚感或色彩感所给予的，这我们经由内部感觉而观察到。休谟把思维内容分为印象和观念；印象由包括内部感觉的感觉所提供；观念则是前有印象的回忆。观念只在自身相组合时才能与被观察到的现象区别开来。例如，关于黄金和山的被观察到印象可以放在一起而形成未观察过的、想象的组合物，一座金山。与唯理论相对立，这样经验论就把思维归结成为只起一种附属作用的东西，即在印象与观念之间建立一个序列。那个序列体系即我们称为知识的东西。[79]

思维在构造知识中的功能可以用一些可能曾为培根、洛克或休谟使用过的例子来说明。在一天之中的各种经验中，思维挑选了为眼睛看见的火的明亮，把它与我们接近火时所感知的热的感觉结合起来，这样达致了火是热的这一物理规律。同样地，思维通过我们在不同时间、不同日期眺望夜空所观察到的不同星象的互相比较而发现星体运行的规律；思维把一颗星在不同时候的不同位置用一条想象的线连起来，而画出了星的路线，这条路线本身却并不是观察的对象。

我说在关于知识的这种见解中，思维只具有附属作用，我是指思维不被视为真理的判断者。对于思维说来，圆周形可以是星球运行的最正确的形式;但这个运行是否确实是圆周形的,就须由知觉来判断。理性可以怂恿我说物质由粒子所组成,因为不然的话物质怎么能是可压紧的呢;但原子论是否是真的,就必须由知觉来判断。在这一例子上,知觉不能直接回答问题,因为原子太小,不能观察;但知觉提供出一系列可观察的事实,使原子论解释成为不可避免的,从而间接地回答了问题。然而,后面一例明显地指出,思维在构造知识中的功能,在另一种意义上不能被称为附属的:理性是组织知识的不可或缺的工具,没有它,较抽象的一类事实就无从知道。感官不会向我显示行星以椭圆轨道绕日运行,物质由原子组成;这是感性观察与推理相结合才能导致这种抽象真理。

〔80〕

　　培根很清楚地看到,在经验论的知识见解中,理性是不可或缺的东西。在一次关于哲学体系的讨论中,他把唯理论者比作用自己的体质造蛛网的蜘蛛,把老经验论者比作收集材料而不能在其中发现秩序的蚂蚁;他自称,新经验论者像是蜜蜂,搜集了材料而加以消化,加入了自己的体质,从而创造出一种质量较高的产物。那是一个以机智的形式表述出来的伟大纲领。让我们来看十七、十八世纪经验论在这方面走了多远。

　　理性对于观察到的知识究竟作了什么增加呢? 我们说,这就是引入了秩序的抽象关系。然而,抽象关系如果并不包含关于新的具体事物的陈述,抽象关系本身是不能使人感兴趣的。如果抽象关系是普遍真理,那么它们不但对于已作的观察有效,而也对于尚未作的观察有效;它们不但包含过去经验的记述,而也包含未来经验的预言,即是理性对于知识所作的添加。观察告诉我们过去和现在;理性预言未来。

让我们用几个例子来说明抽象规律的预言性质。火是热的这一规律就越出了建立这条规律所根据的、属于过去的经验；它预言着，我们以后无论何时看见火，火总是热的。星球运行规律使我们能预言星球的未来位置，包括日食月食之类的观察的预测。原子〔81〕论的物质理论曾导出了一些化学预言，这些预言在新的化学物质的构造中得到了证实；事实上，科学的一切工业应用都以科学规律的预见性质为根据的，因为这些应用把科学规律用来作为构造那些按照预先知道的计划起作用的设备的蓝图。当培根制定他的著名格言"知识即力量"时，他对于知识的预见性质是有清楚的领悟的。

那么理性怎么预言未来的呢？培根看到，单独的理性并不具有任何预言能力；它只在与观察相结合时才获得这种能力。理性的预言方法包含在逻辑推导中，我们运用逻辑推导构造一个秩序，把它放入观察到的材料中，然后从中推导出结论。我们通过逻辑推导的工具而达到预言。培根又进一步看出，如果逻辑推导应为预言目的服务，那么它不能局限于**演绎逻辑**；它必须包括一种**归纳逻辑**方法。

作为近代经验论的发展转折点的这一与前不同之处，可以对三段论法作一次考察而弄得更明白些。考虑下面一个古典例子："所有的人皆有死，苏格拉底是人，故苏格拉底会死。"如前面所说明的，结论是为前提分析地蕴涵着的，它并未在前提中加上什么。它只是把前提的某一部分明白揭示出来而已。这种空洞性质正是演绎推论的本质，是我们取得结论的必然真理性的代价。与此比照，再考虑一下这样一个推论："至今所观察到的乌鸦都是黑的，因

此世上一切乌鸦都是黑的。"这个结论并不包含在前提里；它所涉
〔82〕 及的是尚未观察到的乌鸦，而把已观察到的乌鸦的一个属性引申
到它们身上。从之，结论的真理性不能被保证；可能某一天我们会
在辽远的荒野发现一只鸟具有乌鸦的一切属性，而单单不是黑色
的。虽然有这种可能，但我们仍愿意作这种推论，特别是所涉及的
是比乌鸦更重要的事物。如果我们要建立包含未观察过的事物的
普遍真理，我们就需要它；正因为我们需要它，我们也就愿意冒一
冒出错的危险。这种推论叫做**归纳推论**，或是用更专门一些的术
语，**列举归纳**推论。

　　培根的历史贡献是着重指出归纳推论对于经验科学的重要
性。他认清了演绎推论的限度，因此坚决认为演绎逻辑不能提供
从观察到的事实导致普遍真理，从而导致对再进一步观察的预言
的方法。只有在前提里包含着涉及未来的东西时，演绎推理才是
能预言的。例如，因为"所有的人皆有死"这个前提里包含着涉及
像我们那样还未死的人的意思，它才允许用演绎法推导出一个结
论，说有一天我们也将死去。但是，这样一个前提必须通过某种归
纳推论才能构造出来 。因此，演绎逻辑不能建立一个预言理论，
并且还必须用一种归纳逻辑来补足。培根所知道的演绎逻辑，这
种以后几世纪中一直是独一无二的演绎逻辑，是亚里士多德的逻
辑；这种逻辑以被称为《工具论》的一组论著传到中世纪的学术界。
培根把他的逻辑和亚里士多德的《工具论》对立起来，用一本题为
《新工具》的著作把它发表出来。这本著作是历史上第一部讲归纳
〔83〕 逻辑的书，因此，虽然有许多缺点，仍在世界学术文献中占据一个
重要位置。

培根一方面对归纳逻辑抱着肯定的态度,同时他也越出了经验论的一些古旧形式。例如,塞克斯都·恩披里柯认为三段论逻辑空洞而对之进行攻击;但他也不允许运用归纳推论,这他认为不宜于用来建立知识。英国经验论必须克服的是希腊人这种对于以数学为模式的,绝对确定的知识的理想。那就是英国经验论的历史作用,这使它成为现代科学哲学的先驱者。

培根虽然十分看重归纳推论,但也很清楚地看到了它的弱点。为了克服这种弱点,培根设计出了一套方法,按照一种共同属性对观察到的事实进行分类;这样,他把发生热的各种现象列在一个表上,把不发生热的各种类似现象列在另一个表上,把发热程度不同的那些现象列在第三个表上,而来研究热的本性。他的分类是一锅奇怪的大杂烩,例如有在马粪里发生热与在月光下不发生热相比较那样的观察。然而,我们也不应忘记,分类是科学研究的第一步;再则,由于数理物理学在当时还只刚刚开始,培根是不可能建立一个数理物理学归纳方法理论的。不错,伽利略是培根的同时代人,伽利略的数学方法高出于培根的归纳分类法。但是,数学假说方法(参阅本书第六章)以及它的全部含义先需得到发展,然后它才能成为哲学探究的对象。要到培根死后约六十年发表了牛顿[84]的引力理论时,演绎方法与归纳推论结合的应用才成为是明显的。至于用过于简单化的、忽略了数学对于物理学的贡献的模型来研究科学方法这一点,那就不应该责难培根,而应该责难后来的一些经验论者了;在其中,尤其应责难约翰·斯图阿特·穆勒,他在培根之后 250 年发展了一种归纳逻辑,那里几乎没有提到数学方法,因此基本上是培根的思想的重新阐述。

　　培根的归纳方法是素朴的、是建立在对于一条为普通常识所乐于使用的规则的信赖上的。但是,他的方法也是科学家所不能不用的。当这种科学方法尚在萌芽时期,当它为最初的一些成功所造成的乐观情绪捧得很高的时候,那是几乎不可能期望有人对它作出批判的。批评培根的归纳逻辑为不科学的哲学史家们应该看清,他们的判断所反映的是后人的标准。

　　经验论在培根身上找到了它的先知;在洛克身上找到了它的公众领袖;在休谟身上找到了它的批判者。洛克把培根的经验知识理论作为是通过经验的概括,归纳地推导出来的东西而接了过来。虽然他也并不太清楚,综合知识是否都是经验知识。他似乎认为数学知识虽是综合的,但为绝对确定的,因此他把它与经验知识区别开来。照他说来,必然命题或者是"琐细的",或者是"有教益的";他作了这样的区别,可说他预感到康德的分析命题和综合命题的区别,如果这样解释,他也就成了一个综合先天判断的主张者了。不错,在洛克的著作中对于综合先天判断并无清楚的表示。然而,他把道德判断当作和数学定理同样具有真理性的东西,这使他成为一个伦理—认识平行论的主张者,而使他达致一些很难与分析的数学观相吻合的结论。

〔85〕

　　经验论在早期阶段并不总是首尾一贯的。洛克的经验论只限于这样一条原则:一切概念,即使是数学和逻辑学的概念,都经由经验进入我们的思维;他并不马上把它引申为这样的论点:一切综合知识的有效性必须由经验来证明。相应于这种非批判态度,他不假批判地接受了归纳推论,并把它视为是一切经验知识的有用工具。这种工具的合法性之可以受到怀疑,经验论下面的基础之被推翻,那是没有在培根和洛克那里发生的意外事件;对经验论哲学给予这一打击的是休谟的任务。

当休谟写作他的《人类理智研究》时,距《新工具》已一百多年了;但是,休谟在他当时的逻辑著作中所能找到的归纳法理论仍是培根的理论。因此,休谟视为当然地认为,科学推论所具有的形式就是列举归纳,也即是前面用乌鸦例子所说明的那种推论。研究过数学物理学的人都知道,这个结论是成问题的,归纳推论不止有一种而是有若干不同形式。例如,牛顿物理学就运用了一种复杂的演绎理论,作为归纳的有效性证明的一种工具;同时,这种理论到最后是否可以化为简单形式的、叫做列举归纳的推论,这一点并不清楚。但这个问题以后还要讨论。现在只需指出下面一点就够[86]了:现代分析已经揭示出,一切形式的归纳推论都可以化为列举归纳,这一结果使人可以像休谟那样在讨论归纳法时只讨论这种最简单形式。

休谟高出洛克之处在于对经验论具有清晰的概念。他已克服了伦理—认识平行论,很清楚地看出伦理判断并不表达真理,而是如他所说的那样,表达赞许或不赞许的感情;"罪恶和美德的区别……并不是由理性感知的。"他摆脱了那些为了要替道德找一基础而不得不引入一个综合先天真理人的错误,因此能不带着道德论者的成见来研究知识。他达到了这样一个结论:一切知识,或者是分析的,或者是从经验中推导出来的;数学和逻辑是分析知识,一切综合知识则都是从经验中推导出来的。他所说的"推导出来的"不仅是指概念来源于感性知觉,并且也指感性知觉是一切非分析知识的有效性的根源。因此,思维对于知识所提供的增添是属于空洞性质的。

　　一涉及数学，休谟的解释就不是很有根据的了。由于他不能知道十九世纪对于建立非欧几何学问题所作出的答案，他就无法解释几何学的双重性质，即它既是听命于理性的又是为观察所预言的。但是，他对这个问题似乎并未看得很清楚。我们可以视为幸运的是，一如在归纳法问题中他认为一切归纳形式都可化为列举归纳那样，他在这里也预感到后来的结论，虽然他对他的见解并没有什么充分的论据。我不想把这种偶合称为天才的表征，而认为不如称之为幸运。反之，我倒更愿意看见休谟的天才在他能拿出充分根据的那些结论中表现出来，例如他的否弃伦理—认识平行论，我也更愿意赞美他在反对与他相反的传统、阐述他自己的见解时所具有的那种首尾一贯性。

　　这种首尾一贯性表现在他对于归纳法的处理中。如果思维对于知识的一切贡献都是分析的，那么对于使用归纳推论就会产生一些严重的困难；休谟在哲学史上的意义就在于他使人注意到这个问题，这个问题是不必对数学作分析的或综合的解释就能分析清楚的。休谟指出我们很可以对于归纳法结论想象出相反的情况，而使人看清这一事实。例如，虽然迄今观察到的乌鸦都是黑的，我们至少也可以想象我们将看见的下一个乌鸦是白的。我们不肯相信它会是白的，就因为我们相信归纳推论。但如果所考虑的只是可能性，那么就与信念无涉：我们可以想象结论是假的，而不必放弃前提。假结论与真前提相结合的可能性证明归纳推论并不具有逻辑必然性。归纳法的非分析性质是休谟的第一个论题。

　　那么我们怎么能证明运用归纳推论为正当的呢？休谟讨论了

由经验证明推论为有效的可能性。可以假定,这样一种有效性是为培根和洛克所肯定的,虽然他们从来没有进而讨论归纳法的合法性。我们可以说,我们曾经常常使用归纳推论,并获得了良好的[88]成果;因此我们感到有权利继续运用归纳推论。然而,如休谟所说明的,就是这种论证的表述已说明了这种论证是谬误的。我们用来想证明归纳法的正确性的推论本身就是一个归纳推论:我们相信归纳法,就因为归纳法迄今是具有成效的——那是一个乌鸦型的推论,于是我们就在循环往返中运转了。如果我们假定归纳法是可靠的,它就能被证明为可靠的;这是循环推理,这种论证是站立不住的。休谟的第二个论题就是:归纳法是不能用经验来证明为正当的。

　　归纳推论是不能得到证明的;休谟自称,这就是他的批判的结论,这一结论的重要应予充分认清。如果休谟的论题是真的,那么我们的预言工具就站不住了;我们就没有办法预测未来了。迄今为止,我们看见太阳每天早晨出来,因此相信它明天也会出来,但我们对于这种信念没有什么根据。我们看见水往山下流,因此相信它总是要往下流的,但我们没有证据可说它明天一定也如此。为什么河流明天不会往山上流呢?你想:我不至于愚蠢到相信那种话吧。但是,这种信念为什么就愚蠢呢?你会回答,因为你从来没有看见河流往山上流,因为你使用这种推论从过去推到未来一直都是成功的。这样你就陷在休谟所发现的那个谬误中了;你是使用归纳推论在证明归纳法。我们循环往复地老是陷进这个陷阱里去;我们看到归纳法不能被证明为正当,于是继续进行归纳,并论证说,如果我们怀疑归纳原则,我们就是愚蠢。

那是经验论者的两难论题：他或者是一个彻底的经验论者，因此不能承认分析陈述或从经验中推导出来的陈述以外的任何结论——这样他就不能进行归纳推论，并且必须放弃任何关于未来[89]的陈述；如若不然，他就须承认归纳推论——这样他就承认了一个非分析的、不是可从经验中推导出来的原则，也就放弃了经验论。这样，一种彻底的经验论就达到了关于未来的知识为不可能的这样一个结论；但是，如果知识不包含未来那又算得什么知识呢？只是在过去中观察到的关系的陈述，不能叫做知识；如果知识要揭开物理客体的客观关系，它就必须包含可靠的预言。因此，一种彻底的经验论就否认了知识的可能性。

经验论的古典时期，培根、洛克和休谟的时期，以经验论的崩溃而告结束；因为那正是休谟对于归纳法的分析的总结果。休谟的批判从经验论导致不可知论；关于未来方面，它要求一种无知哲学，其教条为，我所知道的一切就是我对未来一无所知。我们必须赞许他的智力的犀利，这种智力虽然对经验论充满信任，却毫不踌躇地推出了这个歼灭性的结论。然而，休谟虽然把他的结论颇为坦白地表述出来，并自称为怀疑论者，但他还是不愿意承认他的结论的悲剧性。他企图采用把归纳信念称为习惯的办法缓和他的结论；在读休谟的著作时会令人得到这样的印象，似乎这样一个转变满足了他的怀疑，对于归纳信念得到一个心理解释他就够了。休谟不是一个彻底派，而是一个英国保守派；他的智力的彻底性并不具有一种意志状态的彻底性与之相平衡；这样就使我们看到了一个哲学家的古怪的一面，他友好地微笑了一下而停止了他对经验论哲学所提出的决定性打击。

我们不能分享休谟的无为主义。我们不会否认归纳法是一种习惯；当然，它是一种习惯，但我们想知道，这是一种好习惯呢还是[90]坏习惯。我们承认，克服这种习惯是艰难的；事实上，谁能够，比方说，抱着从明天起所有的水都朝山上流的假定而做人呢？但是，即使我们对于归纳习惯已具有那么强烈的条件反射，使我们没法不是归纳法的耽溺者，一如有毒瘾的人一样；但至少我们也要知道，我们是否应设法摆脱它。归纳法的逻辑问题是不依赖于归纳法是否一种习惯，我们是否能克服这种习惯的问题的。经验论哲学家要想知道，经验是否能，以及在怎样的意义上能，提供关于未来的知识；如果他不能回答这个问题，他就应承认，经验论是一个失败。

当我们回过来把经验论与唯理论进行比较之时，我们达到了一种奇怪的平衡。唯理论者不能解答经验知识的问题，因为他按照数学的样式来解释经验知识，从而把理性说成为物理世界的立法者。经验论者也不能解答这问题；他企图把经验知识作为是单从感性知觉中推导出来因而具有本身权利的东西而建立起来，但他失败了，因为经验知识须以一种非分析的方法为前提，即归纳方法，而这种方法是不能认作经验的产物的。经验论者没有重复唯理论者的错误；他没有使用图像语言，他没有追求绝对确定性，他没有试图把认识方面的知识塑造成某种样子，以期获致一个道德指导的基础，但是，当他要把理性的力量限制在分析原则的建立时，他就陷入了一个新的困难：他无法说明经验知识从过去推向未来所使用的方法，即是说，他不能解释知识的预言性质。

自然的结论是，在经验论中一定有一些根本性的错误。唯理[91]论者所犯的错误是把数学知识视作一切知识的原型，从而要想使理性成为关于世界，至少是关于世界的基本事物的知识的泉源；经验论者改正了这个错误，坚持经验知识得之于感性知觉，理性只提供分析的关系，一切综合知识是可观察型的。然而，观察到的知识只限于过去和现在；关于未来的知识则不是可观察型的。老辈的经验论者没有看出从这一区别中发生的困难；因为，关于未来的预言后来可以证明为真或假的，他们就把关于未来的知识视为与可观察的知识同一类型。他们忘记了，我们想要在被预言的事件发生之前知道预言的真假，当知识成为可观察的知识时，它已不再是关于未来的知识了。休谟看到了这个困难；但由于他不能放弃那种隐隐地要求关于未来的知识应与关于过去的知识同型的知识观，他作出结论，说科学的预言方法是不能认为正当的，我们不能获得任何关于未来的知识。

现代经验论见解认清了这种错误。既然关于未来的陈述如果被视为与关于过去和现在的陈述同型就不能认为是正当的，我们就推断，关于未来的陈述必须给予一种不同的解释；关于未来的知识必须被理解为本质上与关于过去的知识不同。这样一转之下，问题就倒过来了；现在不再假定关于未来的知识的本性是被给予的，然后才询问我们怎么才能获得关于未来的知识，而是先问，如果要使关于未来的陈述成为正当的陈述，那么关于未来的知识应具有怎样的本性。

把问题这样倒过来，是休谟当时所办不到的，他对于归纳法的批判是一种伟大的成就，足可以为他在哲学史上保证得到一席领导地位。我在前面说过，哲学的进步不应当从问题的解答中去寻找，而应在哲学家所提的问题中去找；这一准则也适用于休谟。休谟的功绩在于他提出归纳法的正当性问题以及指出解决这个问题的困难；至于他的答案是于我们无用的。

奇怪得很，对于英国经验论的这个判断达致了一种批判，它相当于上面为反对唯理论而提出来的反驳。英国经验论虽然与唯理论有内在的区别，却重复了唯理论的一个基本性错误：不是用无利害关系的观察者的无偏袒态度，而是用想证明一个预先想好的目的的意图，去考验知识；即从一幅为了要在其中找到哲学家想找到的结构而设计的图像上去研究知识的本性。唯理论者把经验科学理解为这样一个体系，这个体系的基本原理一定是具有数学的可靠性的；经验论者用观察的可靠性来代替了数学的可靠性，而要求关于未来的语句必定具有关于过去的语句所具有的那一种可靠性。这样，唯理论者遇到了为什么自然一定跟随着理性的问题；经验论者则遭遇到怎样把观察的可靠性转移到预言中去的问题。

这个两难论题的解决办法不能为十八世纪的哲学所找到。把问题倒过来变成预言知识的本性问题，那是在科学基础尚未经历某些根本变化之前所不能实现的。十八世纪的科学是被对于它的[93]成就所抱的无批判信心推动前进的；它还得经验一下它的方法的局限性，然后才能成为自我批判的，才懂得探索它的成就的意义。这个发展从十九世纪起开始，直到我们今天还在继续。它并非从哲学中成长起来的；科学家对于哲学家的解释从来不很关心，即使是大卫·休谟的批判，他也无动于衷。对哲学的漠不关心倒是科学家的一个明智的态度，虽然也许只是由于一种偶然的幸运。获得成功的往往是那些行动着的人，而不是考虑他们应怎么办的人。对于知识本性的解释，在十八世纪科学的范围内是不能得出的；关于数学的本性的见解,关于因果性的本性的见解都先得重新修改,然后才可能发展出一种能同时说明演绎方法在数学物理学中的力量和归纳推论的用处的知识理论。因此,这在科学家可算是一种幸运,在他还未获致作出回答来的手段以前,他没有去探讨如何证明他的方法为正确的问题。

说这个答案可以在概率理论的范围内得出,大概是可以通得过的;虽然这个理论的形式跟预期的东西很不相同。说关于过去的观察是确定的,而预言只是或然的,那并非对于归纳问题的最后答案;这只是一种中间答案,除非有一个概率理论得到阐发,把我们称为"或然的"东西以及我们能确认为或然性的根据解释明白,那仍是不完全的。包括休谟在内的经验论者们已再次三番地研究了或然性的本性;但他们所得的结果是:或然性是带有主观性的,是适用于意见或信仰的;所谓意见和信仰他们认为是与知识不同的。认为可以有一种或然的知识那样的东西的观念,在他们看来就是一种矛盾。休谟认为归纳推论不是知识的合法工具时,他已暴露了他自己还处于唯理论的影响之下;他像古代怀疑论者一样,只能证明唯理论的知识理想是不可获致的,但他不能用另一种较好的知识理论去代替它,休谟如果研究过在他当时已有巴斯喀、费尔玛特、约可伯·贝尔努利等人的著作的概率数学,他也许可以达到发现或然性的客观意义的地步;他从来没有提及这一门学问,这表示他的思想不是数学化的,他不是一个能把或然性的数学理论用到哲学上去的人。

虽然对于或然性所作的逻辑分析是弄明白预言知识的一个先决条件,但在哲学解释方面还必须有一个更彻底的改变,才能对于经验论之谜得出最终解答。今天我们知道,甚至预言知识是或然的知识这一点都是不能得到证明的,关于或然知识的观念可以受到跟休谟对于要求确定性的知识所作的批判相似的批判。因此,预言知识这问题要求对知识的本性重行解释。在牛顿物理学的范围之内,这种新的知识见解是不可能得到阐明的。归纳法问题的解决必须等待知识的新解释从二十世纪物理学中成长出来之后,才属可能。

# 6. 经典物理学的两重性:它的经验论<br>方面和唯理论方面 〔95〕

到现在为止,我们所谈的还只限于哲学。现在让我们来考察一下哲学家发展了各种不同形式唯理论和经验论的这二千五百年间科学的演进。

希腊人在科学上的贡献可说完全都在数理科学方面。特别是几何学得到高度发展;以毕达哥拉斯的名字著称的定理是希腊人的杰出几何发现,可以与之相比的只有他们对于锥线法(conic sections),即被称为椭圆线、双曲线、抛物线那几种曲线的处理。他们的算术并不具备我们今天成功地运用着的记数技巧;希腊人并不用十进位法书写数字,十进位法记数法是阿拉伯人后来发明的;他们也不知道对数法,那是十七世纪的发明。希腊人虽然有这些技术上的缺陷,但发展了数论的基础;他们认识到素数的重要性,发现了无理数,即不能记写成两个整数的商的数的存在。他们〔96〕对数学的最大贡献是欧几里德所作出的几何学公理体系;欧几里德是公元前 300 年左右使亚历山大城成为希腊文化的一个中心的希腊血统人士中的一位数学家；他的体系一直被认为是演绎推理力量的令人惊叹的证明。

希腊人在经验科学方面的成就只限于可以运用数学方法的那些学科。希腊天文学在托勒密体系中得到了伟大的综述，托勒密是纪元后二世纪时一个亚历山大城人。托勒密利用前人的天文观察成果和几何推理，证明了地是球形的。然而，他认定地球是不动的，而是天穹随带着星辰、日月绕着它转动。在这个天穹中还有着种种运动；日和月在星辰之间的地位并不固定，而沿着它们各自的圆周路线运行。行星所走的曲线则是一种奇特形状的，托勒密认为是两个同时进行的圆周运动的结果，一如一个乘在偏心地装置在一个较大的回旋木马上的另一个回旋木马上的人的移动路线。托勒密的天文体系也叫做地球中心体系，今天还用来回答关于只涉及从地球上来看星辰的位置的一些问题，特别是航海中的一些问题。这种在实践上的可应用性表示托勒密体系中具有大量的真实性。

太阳不动而地球和行星绕着它运行的见解是希腊人所不知道〔97〕的。萨莫斯的阿里斯塔尔赫曾在纪元前 200 年左右提出过太阳中心体系，但不能使他的同时代人相信它的真实性。希腊人之所以不能相信阿里斯塔尔赫，那是由于他们那时候力学科学的不完善状态。例如，托勒密反驳阿里斯塔尔赫说，地球必须是不动的，因为，否则的话，一块下落的石头就不会垂直地下落，空中的飞鸟就会老是落后于运行着的地球，落下时就会落在地面的另一部分上去了。

　　直到十七世纪才有人用实验证明托勒密的论证是谬误的。法国神父伽桑地,笛卡尔的同时代人和论敌,他在一艘航行着的船上做了试验:他让一块石头从桅顶上下落,看到石头准确地落在桅杆脚下。如果托勒密的力学是真的,那么石头落后于船的运动,应落在甲板上离船尾较近的一点上。伽桑地这样就证实了伽利略不久前发现的规律,按照这一规律,下落的石头在它体内带有船的运动,在它下落时保留着这一运动。

　　托勒密为什么不也做一做伽桑地的实验呢? 因为与单纯的测量和观察有所不同的科学实验这一思想,是希腊人所不习惯的。一次实验就是向自然提一个问题;科学家使用适当的措施制造出一个物理事件,这一事件的结果就对这问题提供"是"或"否"的答案。在我们依靠着对于没有我们协助的事件的观察时,可观察的事件通常总是许多因素的产物,我们无法决定其中各个个别因素对于总结果有什么贡献。科学实验则把各个因素彼此孤立开了;人的干预创造了条件,使一个因素在不为其他因素干扰而进行工〔98〕作中呈现出来,从而揭示出无人干预时所发生的复合事件的机制作用。例如,一片叶子从树上下落是一个复合事件,在其中地心引力与在落下的树叶下的空气流动所造成的气体动力相对抗,使树叶的落下做曲折不整的运动。如果我们让树叶在真空空间中下落而排除了空气,我们就可以看到它由于引力作用而像石块一样落下。另一方面,如果我们正对着一个固定表面让一股气流通过一个风筒,那就可以揭示出空气流动的规律。采用有计划实验的人工事件之后,自然中的复合事件就可以被分解为各个构成部分。这就是为什么实验成为现代科学的工具的道理。希腊科学之未曾以任何较起作用的方式使用实验方法证明了从推理过渡到实验科学是多么不容易的过程。

我们把近代科学从哥白尼(1472—1543 年)和伽利略(1564—1641 年)的时代算起。哥白尼建立了太阳中心体系,从而奠定了近代天文学的基础,同时给予近代科学思想一个决定性的转折,把它从以前各个时期的拟人论中解放出来。伽利略给予近代科学以量值实验方法。他用以建立落体定律的实验决定了把实验与测量和数学表述结合起来的那一种方法的模式。随着伽利略,一代的科学家都改变方向,用实验来进行科学研究。然而,转向实验方法的这种普遍转变并不能视为是一个人的功绩。把它解释成社会条件的变化结果比较好,当时的社会条件使科学家的思想摆脱了以经院哲学为形式的遵奉希腊科学的积习,自然而然地导向了实验科学。

与实验科学的发生相伴随的是遍布欧洲的精力充沛和兴趣高涨的浪潮。荷兰一个透镜磨制人发明的望远镜在意大利为伽利略首先使用于探视天空。另一个意大利人,伽利略的学生托里切利发明了气压表,证明空气有一种压力,海拔高的地方气压就小些。在德国,葛利克发明了空气唧筒,向惊愕的观众演示了大气压力的伟力的实验,他把两个半球合在一起,抽空了空气,用两队马也不能把两个半球拉开。英国人在这个新领域也有所表现。威廉·吉尔勃,伊丽莎白女王的御医,表演了并发展了关于磁现象的长期研究结果;哈维发现了血液循环;波义耳建立了冠以他的名字的气体压力和体积的定律。这样,观察和实验就创造了整整一个由科学事实和规律组成的新世界。

上面所选取的不多几个作为近代科学发展前导的事件，说明了为什么近代产生了在影响上可与希腊那些伟大唯理论体系相比拟的经验论体系。希腊人的唯理论反映了他们的文明中数学研究的成就；英国经验论反映了近代科学中实验方法的胜利，这种方法向自然提出问题，要自然作出"是"或"否"的回答来。

但是，还有另一个发展也应作一说明，而那又是正当英国哲学家建立新的经验论学说时唯理论哲学在欧洲大陆上的复活。在这〔100〕个时候，笛卡尔、莱布尼茨、康德建立了在方法上、在理论上都超出了古代唯理论的唯理论体系，虽然他们都是有科学修养的，他们本人在科学园地里也是有贡献的。

为了理解这一相反的发展，必须记住，不管实验方法的出现多么富有革命性，它毕竟只是近代科学的两大工具之一。另一工具是使用数学方法以建立科学解释。在这方面，希腊科学在近代得到了继承；我们认作近代科学纪元的象征的哥白尼体系，在阿里斯塔尔赫的太阳中心体系中就预测到了，那绝不是单纯的耦合。希腊人在他们的天文学里发现的、分析物理世界用的数学方法的伟力，在近代科学的发展中得到了确认；但是，当它与作为真理标准的实验结合起来以后，它不只是被确认，而且是得到了发展，因为它导致了在重要性上等级更高的许多成就。使近代科学成为强有力的，乃是**假设演绎方法**的发明，这种方法作出了从中可以演绎出被观察到的事实的、以数学假说为形式的解释。让我们用一个突出的例子来研究一下这种也被人称为**解释性归纳法**的方法。

哥白尼的发现如果没有得到约翰·开普勒（1571—1630 年）的研究加以改善，最后通过伊萨克·牛顿（1643—1727 年）的工作被纳入数学解释中,也许是永远不会得到学术界的普遍承认的。

开普勒是一个思想上有神秘主义倾向的数学家,他本来想从一个[101] 复杂的数学研究计划开始,去证明他所假想的宇宙和谐,但当他看到,观察结果证明了一些行星运行规律与他所预想的很为不同,他就机灵地放弃了他原来的关于行星运行的假说。结果,他成了行星运行的三条著名定律的创制者,这三条定律揭示出行星的轨道不是圆周形的,而是椭圆形的。开普勒的发现之后是一个更大的成就,是整个这一时代的最大成就,即牛顿的物体之间的吸引定律。这个定律,通常称为**万有引力定律**,所采取的形式是一个相当简单的数学方程式。从逻辑上说,它构成了一个不能得到直接证实的假说。它是间接地建立起来的,因为,如牛顿所表示,在开普勒的定律中总结起来的一切可观察到的结果都能够从它之中推导出来。而且不只开普勒的结果;从牛顿的定律中同样也可以推导出伽利略的落体定律,以及像对月球位置有关的潮汐现象之类其他许多可观察到的事实。

牛顿自己清楚地看到,他的定律的真理性要经由它的内涵得到证实之后才能够得到确认。为了推导出这些内涵,他已发明了一种新的数学方法,微分法;但是这种演绎的光辉成就并不能使他满意。他需要量值上的观察证据,于是通过对于月球的观察(月球的每月运行情况构成着他的引力定律的一个实例)来验证内涵。使他大失所望,观察的结果与他的计算不符。牛顿不愿意在事实之前提出任何理论,不管这理论是多么美妙,他把他的理论的原稿搁进抽屉里去了。大约过了 20 年,在法国一个实地考察团对地球[102] 的圆周作出了新的测量之后,牛顿看到他以前所作的检验所根据的数字是错的,而修改后的数字则与他的计算相符的。在这次验证之后,他才发表了他的定律。

牛顿的这个故事是近代科学方法的最惊人的例证之一。观察到的材料是科学方法的出发点;但是它们并不就是科学方法的一切。它们要得到数学解释的补充,而数学解释则是远远超出了对于已被观察到的事物的陈述的;这数学解释还要经过数学推导,把解释中各种不同内涵加以阐明,使这些内涵受到观察的检验。"是"或"否"就等待这些观察说出来,到此为止,这种方法是经验的。但是,观察确认为真的东西要比观察直接说出来的东西多得多。观察保证了一种抽象的数学解释,即一种理论,从这种理论可以用数学方式演绎出可观察到的事实来。牛顿曾有足够的勇气敢于试作抽象的解释;但他也曾经有过足够的谨慎,在没有得到可观察得到的检验确认它之前不去相信它。

牛顿的理论经过两个多世纪的继续发展,获得了一次又一次的重新确认。通过卡文第许的巧妙实验使检验从一个直径不到一英尺的铅球发出的万有引力成为可能。由相互万有引力引起的,行星轨道的摄动后来被计算出来,并由改良了的观察设备加以证实。最后,一颗当时未知的行星海王星的存在被法国数学家莱维利叶(同时也为英国天文学家亚当斯独立地)预言出来,其根据是:[103]已经计算出有一颗新行星是其他行星运行中某些观察到的紊乱现象的原因。当德国天文学家伽勒把他的望远镜对准莱维利叶所算出的夜空的那一点时,他看到那里有一个小白点,每夜微微变更一点位置,于是海王星就被发现了(1846年)。

数学方法曾给近代物理学以预言能力。谁要谈经验科学,他就不应忘记,观察和实验之所以能建立起近代科学,只是因为它们与数学演绎结合起来了。牛顿物理学与两个世代以前弗兰西斯·培根所画出的归纳科学图式大不相同。单只是观察到的事实的收集,一如培根的归纳表上所呈示的那样,是永远不能引导科学家发现引力规律的。数学演绎与观察相结合是使近代科学获得它的成就的工具。

数学方法的应用,在因果性见解中获得最突出的表现;因果性见解是作为经典物理学,即牛顿物理学的结果而受到发展的。由于可能用数学方程式形式来表述物理规律,这就似乎物理必然性也可以变换为数学必然性。例如,试把潮汐跟随月球位置的规律考虑成为海洋的一个浪潮是向着月亮的,另一个浪潮则反向着月亮的,同时地球在浪潮下面转动着,于是使这浪潮在地球的表面上滑移。这是一个观察到的事实。通过牛顿的解释,这一事实被证明为数学规律的结果,是引力定律的结果,于是数学规律的确定性被移转到物理现象上去了。"自然之书是用数学语言写就的,"伽利略这句名言在以后几世纪中所显露的它的真理性,远远超出了伽利略可能会想象到的程度。自然的规律具有数学规律的结构、它们的必然性和普遍性;那是能够把一颗新行星的存在预言得精确到天文学家只消用望远镜对着去找就可以看见它的程度的那样一种物理学的成果。

于是,数学规律就成了不仅是整理的工具,而且也是预言的工具了;它赋予物理学家以预见未来的力量。如果与假设演绎方法的伟力相比,在列举归纳推论中所进行的简单概括只是一件不中用的工具了。怎样才能解释这种伟力呢?答案是明显的:在一切物理事件之间必定存在着一种由数学关系来描述的严整秩序,用因果性这个名称来称呼的秩序。

一切自然事件有一种严整的因果决定性这一观念,乃是近代的产物。希腊人在星辰的运动中发现有一种数学秩序;但他们认为其他物理事件至多只是部分地为因果律所决定的。不错,有些希腊哲学家也坚持一种普遍决定论;但我们不知道他们的因果决定论见解与近代的因果决定论的相符程度有多大。他们之中没有一个人曾留给我们一个关于他们所意味的决定论的表述,他们之中也不见得有一个人认为因果性是一种无例外的规律,控制着微不足道的事件,也控制着最重要的事件,并使每一件发生的事是前面一事的必然产物,不论这些事情对于人类的事务有什么意义。在一个还不知道数学物理学的时代,把因果性与人类价值完全区别开这一点,是不可能为人想到的。[105]

对于希腊人的思想说来,前定这件事带有宗教意味,因此是通过命运的概念,而不是通过原因的概念被表示出来的。宿命论的来源是拟人论的,并只能通过一种朴素的、把人类价值和人类行动形式强加在自然过程之中的办法才可以解释。像人们为了达到他们的目的而控制着物理事件一样,神控制着人类事务;这样命运之神就对每一个人订好了他的计划。这就是希腊宿命论的学说。我们尽可以采取各种办法躲避我们的命运;但那样的话我们也只不过是通过别的途径实现我们的命运而已。杀父娶母是厄狄普斯的命运,这个命运是他本人所不知道的,但他的父亲,色贝城的王,从一次神示中知道了。父亲企图躲过这个命运,把新生的儿子丢在深山里,是命定要失败的;婴儿被人收养长大了。当厄狄普斯长成为一个青年旅行到色贝去的时候,他在途中遇到一个不认识的人,他把他杀了;他猜破了斯芬克斯的哑谜,成功地把全城人从斯芬克斯的恐怖中拯救出来,他所得的奖赏是娶王后为妻。后来他才知道,他杀死的就是他的父亲,那个王后,也就是他的妻子,原来是他的母亲。这个神话用弗洛伊德的心理分析可以解释成为一种普遍的下意识欲望的反映,儿子对父亲的憎恶以及对于母亲的性爱。这样,命运这一观念就可以从心理学上解释成为我们面对下意识的冲动时感到的无法抵抗状态的反映。这是一种现代解释,希腊人是不知道的;但不论我们怎样认为,我们不得不承认,通过命运而完成的前定是一种只能用心理学来解释,而不能用逻辑分析来解释的见解。

[106]　　近代科学的决定论则性质大为不同。它是从数学方法在物理学中的成功发展出来的。如果物理规律可解释成为数学关系,如果演绎方法结果成为准确预言的工具,那么在显然无秩序的经验背后必定有一个数学秩序,必定有一种因果秩序。如果我们不是自始至终一直知道这一秩序,如果好像不可能完完全全地知道这一秩序,那么这也是由于人类的不完善而造成的缺陷。法国数学家拉普拉斯把这一个见解概括在他那著名的超人智力比喻中,那个超人的智力能够观察到每一个原子的位置和动量,能够解答一切数学方程式;对于这个超人,"未来像过去一样都是现在",他能够精确地陈述每一事件的细节,不论这事发生在我们之前或之后几千年。这种物理决定论是牛顿物理学的最一般产物。它与命运有内在的不同;它是盲目的,而非有计划的;它对人无爱亦无憎;它并不是一种具有未来目的的决定论,而是根据过去事实的决定论,

它并不是出于一种超自然的命令，而是物理规律所造成的决定论。但它和命运决定论一样严格、一样无例外。它使物理世界可以与一座上了发条的、自动地一个阶段一个阶段走去的时钟相比。

如果那就是经典物理学所发展的世界图像，牛顿时代带着唯理论浪潮也带着经验论浪潮呈现在我们面前，那就不必大惊小怪了。经验论者所分析的只是科学的一个方面，它的观察的方面；唯理论者则着重于它的数学的方面。经验论之所以在休谟的批判下终于崩溃，因为它不能说明科学的预言性质；它不能解释我们怎么能知道世界的因果秩序，这种因果秩序的存在是科学家所确定不[107]疑，并自称至少知道它的概要的。当唯理论者攻击经验论的立场，并发展了那些旨在解释数学在建立物理世界中所起的作用的体系时，他们相信他们自己的理由是十分充足的。

特别令人感兴趣的是，近代两位伟大的唯理论者，康德和莱布尼茨，至少有一部分是作为对于英国经验论的批判的驳辩而发展了他们的体系的。莱布尼茨用他的《人类理解新论》回答洛克的《人类理解论》；康德说休谟"使他从独断论的迷梦中醒过来"，于是他写出了他的《纯粹理性批判》，其用意是把科学知识从休谟的批判的毁灭性后果中拯救出来。

G.W.莱布尼茨（1646—1716 年）是牛顿的同时代人，在智力上是可与牛顿相匹敌的。他与牛顿不发生关系地独立发现了微分法，并用它来解答了许多数学问题。然而，他不是牛顿的引力理论的赞同者，虽然这个理论在经验中得到了成功，但他不予赞同，因为它导致了一种运动绝对论。莱布尼茨发展了一种根据运动相对性观念的空间理论，在这种理论里他预测到爱因斯坦相对论的逻辑原则；他清楚地看到，哥白尼体系与托勒密体系不同之处只在于说法的不同。他之不能对牛顿物理学作出公平的估价，这证明他的唯理论思想并不肯在经验论的真理标准之前屈服；他之没有能发展出爱因斯坦物理学，那是不能用来作为反对他的理由的。

在莱布尼茨的哲学里，近代科学的唯理论方面找到了最彻底的代表者。成功地运用数学方法来描述自然使莱布尼茨相信，一切科学都可以最终地化为数学。决定论的观念，即一个像上了发条的时钟那样行进的宇宙的观念，所以使他喜欢，乃是因为它意味着物理规律就是数学规律。他把这个观念应用到唯理论的最奇怪的创造之一中去，应用到他的前定和谐学说中去。照他说来，不同的人的思想相互之间并不发生交互作用；所有相似于这样一种交互作用的情况发生，乃是因为不同的人的思想在它们的前定的历程中继续不断地走过一些严格地互相符合的阶段，一如不同的时钟报出同样的时间而不必在相互之间有因果关系。我所以要提一提这个学说，只是为了要证明，毕达哥拉斯的数学神秘论在其他一些大数学家的哲学里也可以找到它的复本。

莱布尼茨的唯理论，虽然是得到数理科学的启发的，但仍是掩藏在逻辑推理之下的思辨，它并且放弃了近代科学从之成长起来的坚固土壤——近代科学在经验观察中的基础。莱布尼茨忽视知识中的经验成分这点，使他相信一切知识都是逻辑。虽然他看到了演绎逻辑的分析性质，但他相信，逻辑不能够只是提供经验知识，而是甚至可以代替经验知识的。有事实性的真理，即经验真理，也有理性的真理，即分析真理；然而，这种区别只是人类无知的结果，如果我们能具有像上帝所有的那种完全的知识，我们就会看

〔108〕

到,一切发生的事件都是逻辑地必然的。例如,上帝能从亚历山大这一概念演绎出他是一个国王,并且征服过东方。对经验作这种分析的解释是唯理论的一个大错误,为了想这样来解释数学物理〔109〕学,人们再三再四地重犯了这个错误。也许,我们能这样地来定义亚历山大这个概念,使这个人的全部历史从它里面分析地推演出来;但是,那样的话我们仍旧永远不能从纯粹逻辑中知道,那个可观察的个体亚历山大是否与那个概念相符合。换言之,说可观察的个体具有在概念中表达出来的属性这个陈述该是综合的,并且是可以遭遇到经验知识的一切疑难的。想托庇于分析逻辑来避开经验的问题,那是办不到的。

　　莱布尼茨一辈子没有见到过一个彻底经验论的体系;他逝世时,休谟才五岁。我们知道他对于洛克的批判,在那个批判里他拒绝承认洛克那个一切概念都从感性知觉中推导出来的原则,他主张,包含着必然性的概念是天赋予我们的。这个论据今天已没有什么人感兴趣了,因为现在已经看出,经验论的中心问题不是洛克的概念的经验根源原则,而是休谟的经验为综合陈述的真理性的唯一判断标准原则,从这个原则导致了预言是不合法的那个结论。因此,更使人感兴趣的也许是莱布尼茨会用什么来回答休谟。可以假设,莱布尼茨会承认休谟的归纳法原则,但也会认为它只适用于人类;他会说,归纳法问题在神那里是不存在的。但那不能算是一个回答,即使"神"这个词被用来作为"完全的逻辑家"的同义词;因为莱布尼茨把经验知识归结为分析知识这个论点是不能被接受的。一种分析先天命题的唯理论并不能解决休谟的问题。然而,大卫·休谟的尖锐批判也未必能使莱布尼茨改变主张,他是过于〔110〕

热衷于确定性的寻求,绝不会克服唯理论的幻想的。

　　唯理论对于休谟的回答,是康德作出的,康德只比休谟小十三岁,但他的主要著作都发表在休谟逝世以后。我在第3章里已介绍过康德的综合先天哲学;这种哲学的贡献是巧妙地避开了莱布尼茨的把关于世界的知识归结为分析知识的含混主张。现在让我们来看,综合先天判断的唯理论是怎样设法回答休谟的。

　　按照康德,因果性原则是综合先天的。他认为,我确定地知道,每一事件有一原因;只有寻找个别原因这件事须留给观察去做。让我们来使用一个康德可能也会使用的例子:我们看到具有周期性节奏的海洋潮汐,我们由纯粹理性知道这一事件有一原因。观察与归纳推论结合起来后告诉我们的只是,在这一事件中,原因是由月球的位置所给予的,这样一个事实。因此,归纳推论只限于找到个别的物理规律,而不能用来建立像因果性原则那样的物理学普遍真理;至于那些普遍真理则是由理性加给我们的。由于我们确定地知道有一个原因,归纳法便被证明是合法的找到原因的工具——用这个论据,康德相信他已战胜了休谟对于归纳法的批判。综合先天判断的确定性占有了经验论者的怀疑论所让出来的地位;那就是康德哲学的要旨。

　　不容易看出,康德怎么能把这个理论视为一种摆脱独断论迷[111]梦的觉醒。康德的论证并未回答休谟的问题。如果休谟能活下去读到《纯粹理性批判》,他可能会问康德:"如果我们期望知道原因是什么,它是怎么帮助我们知道有一个原因呢? 不错,如果我们知道原因是没有的,去寻求原因就是荒谬的了;但我们的情形并非如此。我们并不知道有无原因;在这种情形下,我们根据观察进行归纳推论,然后得出结论,例如,月球是潮汐的原因。我所认为有问题的就是这个归纳推论;所以,如果你能证明'有一个原因'这一普遍陈述,那仍旧还是同样地有问题的。附带地说,你的对于普遍原则的证明也是我所不能接受的。"

让我们用一个例子来加重一下这个想象中的休谟的答辩。假设有人在秘鲁找寻金矿,但不知道他应在何处开掘。你告诉他:秘鲁确有金矿。这对他有什么帮助呢?他一点也没有比以前更有办法些;他所要知道的是,他在进行开掘的地点会不会产生金子。他不能够把秘鲁的全部地皮都掘起来。如果他知道在某一小块地面下有金子,他才能够一方尺一方尺地试掘,最后在经过若干次试掘后找到金子。但秘鲁太大了,不容许人作全部无遗的试掘,因此,单只知道有金子存在的知识是无用的。如果你告诉他秘鲁没有金矿,这个情报倒也许对他有用,可以使他停止挖掘;但告诉他秘鲁有金子,则就跟告诉他你不知道秘鲁是否有金子一样,对他没有帮助。

我很愿意把对康德的这个批判说得更明确些。康德一贯地着重申说,他是在寻找与心理前提有所不同的知识的逻辑前提。"毫无疑问,我们一切知识都开始于经验。……但这并不就得出,一切知识都是从经验推导出来的。"——他用这些话开始了他的《纯粹〔112〕理性批判》,他的论证应用在因果性问题上时所意味的会是:我们通过找到特殊原因的办法而发展了原因的概念;但这又意味着:关于普遍因果原则的知识不是从经验中逻辑地推导出来的。康德认为,这个原则是每一特殊因果规律的逻辑前提;因此,如果我们要找到这种特殊因果规律,它必须被假定为真的。

　　"逻辑前提"这个术语意味着一种逻辑关系;它意味着:如果特殊因果规律是真的,那么普遍因果规律就是真的。现在,这个陈述需要有一个限制。为了使因果性对某一类事件有效,它不一定对另一类事件亦有效。这里可以说的只是:如果特殊因果规律是真的,那么在这一场合有一个原因存在。只有在这样一个限定的形式中才可以构成一个蕴涵式。因此,任何特殊因果律的逻辑前提并不是普遍的因果性原则,而只是为了正在研究中的这个事件而陈述出来的一个相应原则。

　　必须问明白,从这个限定蕴涵式中能够推导出什么来。如果你已找到特殊原因,那么对于这一事件有一原因存在——从这个蕴涵式中康德相信可推导出这样一个结论:如果你在寻找特殊原因,如潮汐的原因,那么你必须假设有一原因存在。康德认为,否则的话,连寻找原因也是不合乎理性的了。

　　这个论证是谬误的。如果我们要寻找一个特殊原因,我们不必一定假设有一个原因存在。我们可以让这个问题悬着,一如是什么原因那个问题一样。只有在如果我们知道没有原因时,去寻找一个特殊原因才会是不合乎理性的。但如果关于是否有一个原因并无所知,我们就可以同时寻找特殊原因也寻找有无原因这个问题的答案。我们知道,如果我们找到了一个特殊原因,那么我们就证明了在这个被考察的情况里有一个原因。这个极其粗浅微末的道理是在康德的论证中还继续有效的一切了。关于特殊原因的陈述的真理性固然以关于有一个原因存在这一陈述的真理性为前提;但**寻求**前一陈述的真理性却并不以后一陈述的真理性为前提。

　　这样的分析同时也解决了一切事件都有原因这一命题所从出

的因果性普遍原则的问题。一个关于这种统括一切的普遍性的陈述,确定无疑地不能是在研究中的特殊因果规律的逻辑前提。这个陈述只有在一切事件的因果规律都被研究了的时候才可以成立。把前面的结论引申到这个普遍情况时,可以作出下列陈述:如果在一切事件中都找到了因果规律,那么一切事件都有原因;但是,**寻求**全部这些因果规律并不以一切事件都有因果律这一假设为前提。后一问题可以悬着,等到寻求工作在一切场合中都成功完成时而予以回答。

这样,康德想通过揭示知识的逻辑前提而找到综合先天判断的打算就垮台了。逻辑前提之为科学知识的前提这一事实并不能证明逻辑前提的有效性,如果我们要知道它们是真的,我们先得证明科学知识是真的。因此,这些前提的真理性并不比科学知识的真理性更为确实。这样一次简单的逻辑分析就证明了,康德的综合先天哲学是站不住的。

经典物理学的唯理论解释并没有解决经验论解释所提出的问[114]题;这是这里所作的全部讨论的结论。我们绝不可以根据物理学的数学精确性就相信演绎方法能够说明建立这门科学时所牵涉的一切思维活动。在演绎法之外,物理学家还依靠着归纳法的运用,因为他从观察出发进而预言以后的观察。对未来观察的预言又是他的目的,又是他的假说的真理性的检验。经典物理学在建立一个演绎推论和归纳推论错综复杂的网络的同时,把预言方法发展到效率很高的程度;但是,无论哲学家或物理学家都不能对那个问题提出回答:为什么我们把这些方法应用到对未来的预言上时,我们应该信任这些方法呢?

　　十八世纪终末时,物理学的哲学到达了一个停顿时期。人类思维所创造出来的令人惊叹的知识体系仍旧是不可理解的。经验论者休谟这一坦白承认,似乎高出于唯理论者康德认为物理学的基础是理性的一种产物那一断论。

　　物理学家们自己则没有注意到哲学上的这种停顿。他们继续进行观察,建立理论,从一个成就推进到另一个成就,直到他们也到达一个停顿时期为止。从这个物理学的停顿中跃出一个新的物理学来,在这个过程中哲学的停顿也终于被克服了。这些发展可以在关于十九世纪和二十世纪的叙述中得到阐明。

# 第二部　科学哲学的成果

## 7. 新哲学的来源 〔117〕

对于错误,我们只能要求作一个心理学的解释;真理才需要逻辑分析。思辨哲学的历史是那些提出自己不能回答的问题来的人们的错误的历史;对于他们居然作出来的回答,只能从心理动机方面进行解释。科学哲学的历史则是问题发展的历史。问题解决不是通过笼统的一般性论述,或对人与世界间的关系进行图像描述,而是通过专门工作。这种工作是在科学中进行的,而且问题的发展在事实上也确须通过各门个别科学的历史去考察。各种哲学体系,在最好的场合也只不过反映了它们当时的科学知识所处的阶段;它们对于科学的发展则并无贡献。问题的逻辑发展是科学家的工作;科学家的专门分析虽然常常指向次要的细节,很少为了哲学目的而进行,但已把对问题的理解推进到专门知识终于足够完备,能回答哲学问题的地步了。

科学工作是集体工作,各个个人对于问题解决的贡献或大或〔118〕小,但与集体投入解决问题的工作相比,总是微小的。世界上出过许多伟大的数学家、物理学家和生物学家;但就是他们之中最伟大的,如果没有前代人的准备工作和他们同时代人的协助,那也是不能够完成他们的工作的。包含在一个问题的解决中的技术工作的总量总超出一个个别科学家的能力之上。不但繁重的观察和实验工作如此，就是一种理论的逻辑和数学构造，亦未尝不然。科学工作的社会性质是它的强大有力的泉源；个人的有限精力为集体的资源所补充，个人的失错为他的工作同辈们所纠正，许多有智力的个人的贡献的综合便是一种超人的集体智力，这种智力才能发现个人所永远不能找到的答案。

　　这些考虑也许可以解释为什么我这本书的第二部分的结构与第一部分不同。第一部分的各章以错误的心理根源为中心；第二部分的各章则讨论各个问题。为求历史地完备，我本应该把发展的线索一直追溯到古代。但是，对于这本书的目的而论，对古代作一简述就够了；涉及哲学家的主要发展则从十九世纪开始。

　　十九世纪科学的历史向哲学家提供了前途广阔的远景。可与技术发现的众多相匹敌的是逻辑分析这一种财富；在新科学的基〔119〕础上则兴起了一种新哲学。这种新哲学是作为科学研究的副产品而开始的。要想解答他那门科学的技术问题的数学家、物理学家或生物学家，都看出，他自己不能得到一个解答，除非他先能回答某些更一般的哲学问题。对他有利之处是他能够不背负着哲学体系的成见而去寻求这些哲学的答案。他能够根据每一个问题的情况找到一个应有的答案。他所关心的并不是把许多答案凑成一个完整的哲学体系。他不关心他的结论是否从某种为哲学史上有记载的人名所批准的普遍学说推导出来的。这样，他被问题的逻辑所带领找到了在哲学史中前所未闻的答案。

　　这本书的计划就是把这些结论收集在一起，把它们互相联系起来加以阐述。把哲学问题的科学答案总结起来之后，一种新哲学的纲要就呈现出来了，这是一个并不意味着一个幻想丰富的头脑的思辨创造，而是意味着只能作为具体工作的产物而获致的条理井然的总体的哲学体系。

十九世纪常常成为历史家的轻蔑对象。认为一个个体的伟大人格、即天才，构成着历史发展的目的，须用大思想家的数目多寡来衡量一个时代的意义的那些著作家们，曾经对这一个不以诗人、画家、哲学家决定其文化面貌的世纪，说了不少坏话。与文艺复兴时代，与英、法、德国的古典文学时代相比，这个科学和工业的世纪确只提供了一个努力走向一律化和机械化的色彩暗淡的文明图景。大量生产代替了艺术家和手艺匠师的创造；普及化的享受代替了脑力贵族的欣赏标准；脑力集体工作代替了个体思想家的创[120]造性工作——这些是浪漫派的历史解释法常备着贴在十九世纪身上的标签。

但是，科学和工业时代的历史是永不会被浪漫派人所理解的。十九世纪的智力成就不能用伟大人物来衡量，即使它也有这种人物；因为，一个个人的贡献不论多么杰出，与集体的产物比起来总是很微末的。在这个时期中，通过集体工作所完成的科学发现的数目是惊人的。从蒸汽机和电流的发现开始，接着出现铁路、发电机、无线电、飞机，到了今天由于超音速运输和原子能的开始使用而达到顶峰的这个时代，并不只是工业发现的胜利进军而已。它在同时代表着一条抽象思维能力迅速进步的指示线。它已导致具有最高完善性的纯粹理论结构，例如达尔文的进化论和爱因斯坦的相对论；它已把人类的思想训练到能够理解以前几世纪中有教养的人所不能理解的逻辑关系。

抽象力的发展是工业文明的必需伴随现象。设计机器和飞机的工程师与在工厂里制造机器或飞机的人是不能混为一谈的；对于他，他的产品在能够成为具体的现实之前，完全存在在他的想象中，只以蓝图的形式物质化。在实验室里进行实验的物理学家面前是乱七八糟的许多电线、玻璃管和金属条块；但他在这乱七八糟的一堆中看见电流的秩序，这种秩序使他能控制住他的操作，而获致能透露自然普遍规律的观察结果。用纸和笔进行工作的数学家获致决定桥梁、飞机、摩天楼的构造的数字。在人类历史中从未有过一个文明要求为它工作的人有这样彻底的智力训练。

十九世纪的哲学是这种抽象力的产物。它不提供用图像语言说话并诉诸审美欲望的各种体系的娓娓动听的问题解答。它所提供的回答只为在抽象思维上有训练的头脑所理解；它要求它的学生以工程师的精密性和数学家的细心来研究每一个问题。它只对那些愿意遵守这些要求的人赏给一种惊人巨大的智力上的卓见。它回答着那些主要的哲学派别的奠基人所不能回答的问题；虽然它常常不得不先将问题改变一下重新提出，以使它可以得到答案。它展示出我们所居住的世界是一个比古典哲学家视为当然的结构要复杂得多的结构。同时它也发展了处理这种结构，并使世界成为人类理解力所能理解的方法。

哲学教科书常常也包含着论十九世纪哲学的一章，写作这一章的方式则与写作论以前各个世纪的章节一样。这一章提到的人名有费希特、谢林、黑格尔、叔本华、斯宾塞和柏格森等人，并把他们的体系记述下来，一如这些体系是和以前各世纪的体系同属一

类的哲学创造。但是,体系哲学到康德就终止了,在哲学史上讨论[122]
以后的体系时,如再把那些体系放在康德和柏拉图的体系的水平
上,那就是一种误解。那些较早的体系是他们当代的科学水平的
反映,由于得不出更好的答案所以作出了一些假答案。十九世纪
的一些哲学体系则建立在一种较好的哲学正在形成中的时候;这
些体系是那些没有看到在当时的科学中内在着的哲学发现,而以
哲学的名义发展了素朴的概括和类比的体系的人的作品。有时候
是他们的阐述的动人语言,有时候是他们的文体的假充科学化的
干燥无味,打动了读者并使他们出了名,但从历史上来考虑的话,
这些体系应比作一条流经丰沃的土地,最后在荒漠中逐渐枯竭的
河流的末流更为适当。

　　以各种体系的形式呈现出来到康德时代为止的哲学史,在康
德之后,应被视为不是由模仿伟大的过去人们的假体系,而是由从
十九世纪的科学中生长出来并在二十世纪继续成长的新哲学所继
续的。这种新哲学,在它存在的较短时期中已经过了一个迅速的、
紧跟着同时期的科学进步的发展。特别是由于从爱因斯坦的相对
论和普朗克的量子论中产生的结论完全产生在二十世纪中,因此
二十世纪所提供的哲学面貌就完全与十九世纪的不同。然而,二
十世纪的科学那样常常为人称扬的科学思想革命毕竟是十九世纪
已开始了的发展的自然结果,因此应该被称为迅速的进化更为适[123]
当。

　　正如新哲学是作为科学研究的副产品而发生的,建立它的人
们从专业意义上说也很难算是哲学家。他们是数学家、物理学家、
生物学家或心理学家。他们的哲学是企图找到在科学研究中碰到

的一些问题的答案的结果,这些问题是到那时为止所使用的技术手段所不能解决的,因此要求对知识的基础和最后目的进行重新考察。这种哲学很少是得到仔细处理或解释明白的,它也未尝伸展到它们的建立者的特殊兴趣的范域以外。相反地,这些人的哲学总是潜藏在他们的著作的序文或引言之中,潜藏在插入在本来是纯粹专门性论著之中的偶然的议论之中。

直到我们这一代,才有一类新的哲学家兴起,他们曾在包括数学在内的专门科学中受过训练,后来又集中力量从事哲学分析。这些人看到,新的分工是必需的,科学研究不会让人还有足够的时间去做逻辑分析工作,反之,逻辑分析亦要求人集中精力,不会留出时间让人再去进行科学研究——由于这种集中精力进行逻辑分析的目的是澄清问题,而不是发现规律,它是甚至可能妨碍科学研究的成效的。专业的科学哲学就是这样一种发展的产物。

传统的哲学家常常拒绝承认对科学的分析是一种哲学,继续把哲学与杜造哲学体系等同起来。他没有认清,哲学体系已失去了它们的意义,它们的职司已被科学哲学所取代。科学哲学家并〔124〕不畏惧这种对抗。他听任老派哲学家去杜造哲学体系,而干着自己的工作;在被称为哲学史的哲学博物馆里仍旧有地方可以用来陈列那些体系的。

〔125〕
# 8. 几何学的本性

自从康德在1804年死去以后,科学一直处在一种起先较慢,逐渐加快的发展中,在那个发展中科学放弃了一切绝对真理和预先想好的观念。被康德认为是科学所不可或缺、其本性是非分析的原理，已被人认清，只在有限程度内有效。经典物理学的一些重要定律被人发现只适用于我们日常环境中发生的一些现象。在天文学和次微观范围内，这些定律就须为新物理学的一些定律所代替，只此事实已使人明白看出，那些定律是经验的定律，而不是理性本身强加给我们的。让我们来从头到尾考察一下几何学的发展作为例子，来阐明**综合先天判断**的这种**解体**。

可一直追溯到埃及人的几何学的起源，可充作那许多例证中的一个来证明智力上的发现是从物质需要中成长起来的。尼罗河一年一度的泛滥使埃及的土地肥沃，这也给土地所有者们带来了麻烦：他们的田界每年都被冲毁，而得用几何学丈量手段加以重定。因此，埃及人的国土的地理条件和社会条件迫使埃及人发明土地测量的技术。几何学就是这样作为一种以观察的结果为定律的经验科学而发生了。例如，埃及人从实践经验知道，如果他们作[126]成一个各边为 3、4、5 个单位的三角形，那么这就会是一个直角三角形。这一结果的演绎证明要到很久之后才由毕达哥拉斯作出，他的著名定理用 3 的平方与 4 的平方的和等于 5 的平方这个事实说明了埃及人的发现。

毕达哥拉斯定理是希腊人对于几何学的贡献的一个例证：他发现几何学可以作为一个演绎系统构造起来，在那个系统里每一个定理都是从一组公理严密地推导出来的（参阅本书第 107 页）。采取了一个公理系统形式来构造几何学的办法永远和欧几里德的名字连接在一起了。他的按照逻辑次序阐述的几何学至今仍是每一种几何学教程的纲领，直到最近还被用来作为学校的教本。

　　欧几里德体系的许多公理看来是那么自然、那么明白，它们的真理性似乎是不容怀疑的。在这方面，欧几里德体系确定了在几何学原理尚未取得严整的体系形式前已得到发展的较早期的见解。生在毕达哥拉斯一个世代前的柏拉图就由于几何学原理的显然自明之理而达到他的理念理论；在前面第 2 章里已经说明过，几何学公理被他视为是通过一种洞见行为为我们所看到的，那种洞见行为揭示了几何关系是理想客体的属性。从柏拉图开始的漫长的发展路线，一贯以来在本质上没有改变这种见解，终结于康德的较为精密但较少诗意的理论，按照康德的理论，这些公理都是综合先天判断。数学家们或多或少地也有这种看法，但他们对于公理的哲学讨论没有对于公理之间数学关系的分析那么感兴趣。他们试图证明某一些公理是从另一些公理中推导出来的，而把那些公理的数目简化到最低限度。

　　特别是有一条公理，即平行线公理，他们很不喜欢，并企图取消它。这条公理说，通过给定的点有而且只有一条线与给定的线平行；那即是说，有而且只有一条线最后不会与给定的线相交，并且仍旧处于同一平面上。我们不知道数学家们为什么不喜欢这条公理，但我们知道有许多次企图，最远的可追溯到古代，想把这条公理变为定理，即是说，想从别的公理中把它推导出来。数学家们三番两次地相信，他们已找到办法从别的公理中推导出关于平行线的这个命题来了。然而，这些证明照例都在以后被人证明是谬误的。数学家们曾经不知不觉地引入某种假设，它并不包含在别的公理中，但与平行线公理有同等效力。那么，这一发展的结果是，这条公理是有等价物的。但是，数学家们既不能接受欧几里德的那条公理,也就没有更多的理由来接受这些等价物了。例如,平行线公理的一个等价物是,三角形诸角之和等于两直角这条原理。欧几里德是从他的平行线公理里推导出这条原理来的,但经人证明,当三角之和的原理被假定为公理时,反过来也可以推导出平行线原理来。这样,在某一体系里是公理的东西在另一体系里就变成定理了,反之亦然。

平行线问题为数学家们研究了两千多年,才找到了解答。康德死后约 20 年,匈牙利一位青年数学家约翰·波里亚(1802—1860 年)发现平行线公理不是几何学的必要组成部分。他构造了 [128] 一种几何学,在那里废弃了平行线公理,代替它的是一种新的假设:通过一个给定的点有不止一条线与给定的线平行。差不多同时,俄国数学家 N.I.洛巴切夫斯基(1793—1856 年),德国数学家 K.F.高斯(1777—1855 年)也都作出了同样的发现。这样建立的各种几何学叫做**非欧几何学**。包括完全不存在平行线的各种体系的非欧几何学的一个更普遍形式,后来为德国数学家 B.黎曼(1826—1866 年)所发展。

非欧几何学都是与欧几里德几何学相矛盾的;例如,非欧几何学的三角形的诸角之和就不等于 180 度。然而,每一种非欧几何学本身则仍是没有内部矛盾的;它是一个首尾一贯的体系,一如说欧几里德几何学为首尾一贯的一样。这样,多种几何学的存在就代替了欧几里德体系为唯一的体系的看法。不错,欧几里德几何学与其他几何学不同之处在于它易于作视觉的表述,通过一点对于给定的线有不止一条平行线的几何学似乎不可能加以视觉化。但是,数学家们并不很关心视觉化问题,而认为各种几何体系都具有同等的数学有效性。为了与数学家们这种可说是公正的态度相一致，我要把关于视觉化的讨论搁到讨论了一些其他问题之后再进行。

多种几何学的存在要求对物理世界几何学问题采取新的对待方法。在只有一种几何学，即欧几里德几何学的时候，物理空间是[129]没有几何学问题的。在没有另作选择的余地时，欧几里德几何学自然而然被假设为适用于物理实在的。康德的功绩是他比别人更着重指出，数学的几何学和物理的几何学之相巧合是要求一个解释的；他的综合先天理论必须被视为一个哲学家想说明这种巧合的伟大试图。随着有多种几何学存在的发现，情况完全改变了。如果数学家可以在各种几何学中作选择，那么就发生了其中哪一个是物理世界几何学的问题。显然，理性不能回答这个问题，这个问题的答案得留给经验观察。

得出这个结论的第一个人是高斯。发现非欧几何学之后，他企图进行经验的验证，从而确认物理世界的几何学。为了这一目的，高斯测量了以三座高山的顶峰为角的一个三角形的诸角。他的测量结论是这样小心地表述出来的：在观察的误差限度之内，欧几里德几何学是真的，或换言之，如果对180度这个诸角之和有些偏离，观察的不可避免误差也使人不可能证明有偏离的存在。如果世界是非欧几何的，支配这个世界的非欧几何与欧几里德几何学相差也极微，要判明二者之间的差别也是不可能的。

但是，高斯的测量还需要作一点讨论。物理空间几何学问题要比高斯所假设的更为复杂，不能够以这样简单的方式来作答。

我们姑且假设高斯的结论是肯定的，他测出的三角形的角和

是与 180 度有所不同的。那么这是否可以得出,物理世界的几何[130]
学是非欧式的呢?

有一个办法来避开这样的结论。测量两个远距客体之间的角
是采取通过装置在六分仪或类似仪器上的透镜观看那两个客体而
进行的。这样,从客体射到光学仪器的光线通常被假定为三角形
的各边。我们怎么能知道光线是以直线射过来的呢?也可以说它
们不是以直线射来的,它们的途径是弯曲的,高斯的测量也就并不
是对各边为直线的三角形的测量。在这样的假设之下,这个测量
就不是具有结论性的了。

有没有一种办法可以验证这个新假设呢?一条直线是两点之
间最短的距离。如果光线的途径是弯曲的,那么它的起端和末端
必定可以用比光线途径为短的另一条线连接起来。这样一次测量
至少在原则上可以用测量杆来完成的。测量杆先沿着光的途径比
量,然后沿着若干另外的连接线比量。如果有一条较短的连接线,
那么经过若干次的试测就会找到它的了。

假设检验是做过了,结果是否定的,即是说,我们发现光线的
途径是两点之间的最短连接线。那么,这个结果与以前关于三角
之和的测量结合起来是否就可以证明物理世界的几何学是欧几里
德式的呢?

很容易看出,这个情况像前面的一样,是不能作为结论的。我
们怀疑光线的行为,而用刚性的测量杆进行比量来检验它。现在
我们也可以怀疑刚性的测量杆的行为。只有在测量杆在它移动中
长度无变化的条件下,一个距离的测量结果才是可靠的。我们很[131]
可以假设测量杆在沿光线途径移动中为某种不知道的力所拉长

了;那么,沿光线途径所能接着安放的测量杆的数目就减少了,所获得的距离的数值就比光线途径的数值为小了。这样我们就会相信光线途径比其他途径为短,而实际上它是较别的途径为长。检验一条线是否最短距离这件事须依赖于测量杆的行为。但我们怎么能够检验一根刚性的测量杆是真正刚性的,即是说,它不会伸长或缩短呢?

我们把一根刚性的测量杆从一个地点移到远远的一点。它是否跟最初一样长呢? 为了要检验它的长度,我们得再用一根测量杆。假设在第一个地点上两根杆互相交叠时是长度一样的;然后把其中一根拿到另一地点去。这两根杆是否仍旧长度相等呢? 我们不能回答这个问题。为了比较这两根杆,我们必须把一根杆拿回原地,或是把另一根杆也拿到第二个地点,因为要比较长度是只有把两根杆交叠在一起才行的。这样的做法,我们是会发现它们长度相等的,如果两根杆都拿到第二个地点,我们也会发现它们长度相等的。但是,没有办法知道,当这两根杆分处两地时是否相等。

有人会提出反驳,说还有另一种比较办法。例如,如果测量杆在移动时改变长度,我们只需把测量杆和我们的手臂比较一下就会发现这种改变的,为了消除这种反驳,让我们假设使移动的物体缩小或伸长的力是普遍的,即是说,一切物理客体,包括人体在内,同样都要改变长度。显然,这样就任何改变都观察不出了。

[132] 考虑中的这个问题是一个关于一致性的问题。必须认清,要检验一致性是没有办法的。假设在夜间一切物理客体,包括我们的身体在内,变成十倍那么大。我们早晨醒来时就没有办法能检

验这个假设。实际上我们也确实无法发现这件事。按照所规定的条件，这种改变的结果是观察不出的，因此我们也就没法收集证明它或反驳它的证据。也许我们全都是今天比昨天大了十倍。

只有一个办法可以避免这种语言含混，那就是把一致性问题不视为一个观察问题，而视为一个定义问题。我们不应说"两根位处不同地点的测量杆**是**相等的"，而应说，我们把这两根杆**称为**相等的。刚性测量杆的移动给一致性下了定义。这样的说明就消除了所提到的不合理的问题。这样，再问今天我们是不是比昨天大了十倍，就没有意义了；我们把我们今天的身高**称为**与昨天的身高相等，再问它是不是真正是一样高，就没有意义了。这类定义叫做**同位定义**。它们使一个物理客体，一根刚性的测量杆与"长度相等"同位，这样而限定了它的含义；这个特点说明了这个名称。

因此，关于物理世界的几何学的陈述，只在关于一致性的同位定义确立之后，才具有意义。如果我们改变了一致性的同位定义，结果就产生另一种几何学。这个事实叫做**几何学的相对性**。为了例示这一结果的意义，现在再假设高斯的测量证明了三角的和与180度偏离，并且经过刚性测量杆的测量，确认光线是最短距离；这里仍旧没有东西能够阻碍我们把我们空间的几何学视为是欧几里德的。于是我们会说，光线是弯曲的，测量杆已伸长了；接着我[133]们就能够把这些畸变的总量计量出来，而使"修正了的"一致性导致到一种欧几里德几何学。这些畸变可以视为一地与一地不同，但对于一切物体和光线都相同的，因此是**普遍的力**的那种力的效果。那种力的假设所意味的只是一致性的同位定义中的一个变化。这一考虑揭示出，物理世界并不止一种几何描述，而是存在着一系列**等价的描述**;这些描述的每一个都是真的,它们之间的明显差异涉及的不是它们的内容,而只是表述它们的语言。

初一看,这个结论看来有点像对于康德的空间理论的确认。如果每一种几何学都能适用于物理世界,几何学似乎并不表达物理世界的一种属性,而只是观察者在他感知的客体间用这种办法建立一种秩序后所作出的主观外加物。新康德主义者们曾用这一论证为他们的哲学辩护;这种论证在一种叫做**协定主义**的哲学见解里被利用着,引入这种哲学见解的人是法国数学家昂利·彭加勒,照他的说法,几何学是一种协定的东西,一个旨在描述物理世界几何学的陈述是没有意义的。

仔细探究一下就可发现这个论证是站不住的。虽然每一个几何学体系都能被用来描述物理世界的结构,但单独用几何体系并不能完全地描述这个结构。只有在描述中包含一个关于刚体和光线的行为的陈述时,这个描述才是完全的。当我们说两个描述是等价的或相等地真的,我们指的是这个意思的完全描述。在等价描述中间,有且只有一个描述,在其中刚体和光线并不被称为被普遍的力所"畸变"的。对于这一个描述我要使用**正常体系**这个名称。现在可以来问哪一种几何学是导致到正常体系的问题了;而这种几何学也就可以称为**自然几何学**了。显然,谈到自然几何学,即对于它刚体和光线不被畸变的几何学,这个问题只能通过经验的探究来回答。在这一意义上,物理世界几何学的问题是一个经验问题。

几何学的经验意义可以用关于另外一些关系概念的例子来说明。如果一个纽约人说"第五街在第四街的左边",这个陈述是既不真也不假的,除非他限定他从哪一方面向这两条街观看的。只

〔134〕

有"从第六街看去,第五街在第四街左边"这个完全陈述才是可证
实的;同时,这个陈述也与"从北面看去,第五街在第四街右边"这
一陈述是等价的。因此,像"在其左边","在其右边"那样的关系概
念可以很好地用在关于经验知识的表述中,但必须留心,这个表述
应该包含参考点。同样意义,几何学是一个关系概念。我们只有
在得到一个关于一致性的同位定义之后才能够谈论物理世界的几
何学。但在那个条件下,一个关于物理世界几何学的经验陈述是
可以被作出的。因此,当我们谈论物理几何学时,就表示有一个关
于一致性的同位定义已作出了。

　　彭加勒如果想说,从一系列等价描述中选择一个是一件协定
的事情,那他是对的。但如果他相信按照前面所定义的意义的自
然几何学的决定是一件协定的事,那他就错了。这一几何学只能
通过经验而被确认。彭加勒似乎错误地相信,"刚性的"测量杆(因
此一致性亦然)只能由最后得出的几何学必须是欧几里德几何学
这个要求来定义。这样他论证说,如果对于三角形的测量会导致
与 180 度有所不同的角和,那么物理学家必须对光线途径和测量
杆的长度进行修正,否则的话他就不能说用相等长度所意味的话。
但彭加勒忽视了这样一个事实:这种要求也可能会迫使物理学家
假定有普遍的力存在[1];以及另一个事实:如果反过来说,那么一

〔135〕

---

　　[1]　一定要用欧几里德几何学去整理几何学观察这个规定甚至能造成更复杂的情
况,即是,对因果性原则作某种破坏。如果物理学空间从拓扑学上来说是与欧几里德
的空间不同的,例如,如果它是有限的,那么情形就会是如此。在这种情况下,那么康
德的先天原理至少有一个,或是欧几里德几何学或是因果性,就必须放弃。参阅作者
的《空间—时间学说的哲学》(柏林,1928 年版),第 82 页。

致性的定义就能够由必须排除普遍的力这一要求作出。通过使用这一个一致性定义,关于几何学的一个经验的陈述就可以作出了。

　　我很想把我对彭加勒的批评解释得更完全一些,因为最近爱因斯坦教授曾经给协定主义作了一次机智的辩护,作了一篇假想的彭加勒和我之间的对话①。因为我相信,只要把意见说明白,在数理哲学家之间是不会有意见不同的,所以我想把我的见解用这样的方式陈述出来,使它如果不能为彭加勒信服,至少要能为爱因斯坦教授信服,因为我对爱因斯坦教授的科学工作确是非常钦佩,钦佩的程度一如他对彭加勒的工作美妙地表达出来的钦佩程度一样。

　　假设经验观察结果可以与下面两种描述相容:

〔136〕

# 第 一 类

　　(a)几何学是欧几里德式的,但有普遍的力畸变着光线和测量杆。

　　(b)几何学是非欧式的,同时也没有普遍的力。


　　彭加勒说这两种描述的每一个都可以假设为真的,同时,在这两种描述之间作出判别倒会是错误的,他是对的。这两种描述是对于同样事情的描述,只是所用语言不同而已。

　　现在再假设在另一个世界里,或在我们的世界的另一部分上,所得的经验观察结果可与下面两种描述相容:

---

　　① 收入在锡尔普编的《爱因斯坦,哲学家—科学家》,Evanston,1949年版,第677—679页。

# 第　二　类

（a）几何学是欧几里德式的,同时也没有普遍的力。

（b）几何学是非欧式的,但有普遍的力畸变着光线和测量杆。

彭加勒说这两种描述都是真的,他也是对的;因为这两种描述是等价描述。

但是,如果彭加勒认为世界I和世界II是同一个世界,那他就错了。它们在客观上是不同的。虽然对于每一个世界都有一类等价描述,但不同的两类却不具有相等真值。对于给定的一种世界,只有一类描述能是真的;是哪一类呢,那只有经验观察才能知道。协定主义只看到一类之中描述的等价性,而未能认识到一类与另一类之间的差别。然而,等价描述理论却使我们能够客观地描述〔137〕世界,由于它只指定一类描述合乎经验真理,虽然在每一个类范围之内所有的描述都有相等的真值。

较便利的是在每一类描述中选择一个描述作为**正常体系**,并使用它作为这整个的类的代表,而不使用这类或那类描述。在这个意义上,我们可以选择没有普遍力的那个描述作为正常体系,称之为**自然几何学**。也可能,我们甚至不能证明一定有一个正常体系;也不能证明在我们的世界里有而且只有一个体系必须被认作经验事实。（例如,可能发生的是,光线的几何学是和(普通的)立体几何学不同的。）

这样,等价描述的理论并不排除几何学的一种经验意义;它只是要求我们加入某些条件,即是用关于自然几何学的陈述的形式来陈述物理世界的几何学结构。在这一意义上,高斯的实验提供了重要的经验证据。我们周围环境空间的自然几何学,在我们所能获致的精密度以内,是欧几里德式的;或换一句话说,我们周围环境中的立体和光线是按照欧几里德的定律而行动的。如果高斯的实验曾达到一个不同的结果,如果它揭露了一个可测量的偏离欧几里德关系的量值,我们地球上的环境的自然几何学就要不同了。为了要维护欧几里德几何学,那我们就得引入关于以奇特的方式使光线和移动着的物体畸变的普遍的力的假设了。我们周围环境世界的自然几何学是欧几里德式的这一点,必须被认为是一件可喜的经验事实。

〔138〕 这些表述容许我们陈述爱因斯坦就空间问题所作的添加。他从他的广义相对论推导出,在天文范域中,空间的自然几何学是非欧式的这一结论。这一结论与高斯的测量并不矛盾,按照高斯的测量地球范域的几何学是欧几里德式的,因为,非欧几何学的普遍性质就是如此,它在小范域内在实践上可说是与欧几里德几何学相同的。与天文范域相比,地球范域是很小的。我们不能通过地球上的观察观察到偏离欧几里德几何学现象,因为在地球范域内偏离量是太小了。为了证明角和偏离 180 度,高斯的测量必须精密几千倍。但那样的精密度是我们远远达不到的,并可说永久达不到的。只有对于较大的三角形,其非欧几何学性质才能测量出来,因为随着三角形的增大角和的偏离 180 度的量值也会增大。如果我们能测量以三个恒星为角的(或是以三个银河系为角那就更好)三角形的角度,我们就可以确实地观察到角和是大于 180 度

了。我们必须等到宇宙航行的实现，然后才能作出这种直接检验，因为，为了要能够测量三个角，我得分别到三个恒星上去。所以，我们目前只能满足于间接推论方法了，这种间接推论方法就是在我们目前的知识状况下也已经指示出星际几何学是非欧式的。

爱因斯坦在这之外另外又作了添加。依照他的见解，偏离欧几里德几何学的原因应在根源于恒星质量的引力中去找寻。在一个恒星的近旁，偏离比在星间空间为强。这样，爱因斯坦就在几何〔139〕学和引力之间建立了一种关系。这一令人惊异的发现，为一次在月食时所作的测量所证实，并且是以前从来没有人预想到的，再一次地证明了物理空间的经验性质。

空间并不是人类观察者用来建构他的世界的秩序的一种形式，它是一种表述在移动着的刚性测量杆和光线之间都有效的秩序关系的体系，因此也是表述构成其他一切物理测量的基础的物理世界的很普遍特点的体系。空间不是主观的，而是实在的；它是近代数学和物理学发展的产物。够奇怪的，这一条漫长的历史线索一直可以回溯到最初时期所站的立场：几何学是在埃及人那里作为一种经验科学而开始的，后来被希腊人变成为一种演绎科学，最后，经过最高完善程度的逻辑分析发现了几何学有好多种，而在这些几何学中有而且仅有一种是物理世界的几何学，它才又被还原为一种经验科学了。

这一想法显示出，我们必须把数学的和物理的几何学区别开。从数学上说，几何学体系有许多种。它们之中每一个是逻辑上能自成体系的，而这一点也就是数学家所能要求的一切了。他感兴趣的不是公理的真理性，而是公理与定理间的蕴涵关系："如果那些公理是真的,那么这个定理是真的。"——数学家所作出的几何学陈述就是这样一种形式。但是,这些蕴涵式都是分析的;它们被演绎逻辑承认为有效。因此,数学家的几何学是分析性质的。只有当蕴涵式被切开,公理和定理分别被确认时,几何学才能导致到[140] 综合陈述。那时,公理要求一种通过同位定义作出的解释,从而成为关于物理客体的陈述;这样,几何学才被变成为描述物理世界的体系。然而,在那种意义上说来,它就不是先天的,而是具有经验性质的了。综合先天的几何学是没有的:几何学如果是先天的,那么它是数学的、分析的几何学;几何学如果是综合的,那它就是物理的、经验的几何学。几何学的演进在综合先天论崩溃中达到了顶点。

还有一个问题须加以回答,即视觉化的问题。我们怎么才能使非欧几何关系视觉化,一如我们能看见欧几里德式几何关系那样呢? 我们能够以数学公式为手段而处理非欧几何学,这可能是不错的;但是,非欧几何学是否有一天会像欧几里德几何学那样形象化呢,即是说,我们是否能在我们的想象中看见它们的一些定律,一如我们能看见欧几里德几何学的定律那样呢?

上面所作的分析使我们能够令人满意地回答这个问题。欧几里德几何学是我们周围物理世界的几何学;没有什么奇怪,我们的视觉观念已变成为与这一周围环境相适应,因此也遵照欧几里德的定律。我们如果生活在另一个环境里,它的几何学结构是显著地与欧几里德几何学不同,我们就会与新环境相适应,学会看非欧式的三角形和定律,一如我们现在看欧几里德式结构一样。我们会觉得,三角形的三角相加大于 180 度是自然的,我们也会学会用

被那个世界的固体物体所定义的一致性来测计距离。视觉地想象
几何学关系,意味着想象我们如果生活在那些关系生效的世界里
就会得到的经验。对视觉化作出这一种解释的是物理学家赫尔姆[141]
霍茨。哲学家所犯的错误是把实际上是习惯的产物视为观念的洞
察或视为理性的规律。花了两千多年时间才发现这个事实;如果
没有数学家的研究以及这种研究中的全部专门性,我们便永不能
从根深蒂固的习惯中突围而出,在我们的思想中清除掉所谓的理
性规律。

　　几何学问题的历史发展是包含在科学发展中的哲学潜力的惊
人例证。自称发现了理性规律的哲学家对于认识论帮了一个倒
忙:他认为是理性规律的东西实际上原来是人类所生活的环境的
物理结构对人类想象的一种约制。理性的力量一定不能在理性对
我们的想象所制定的规则中,而应在使我们自己摆脱任何种类的
由于经验和传统使我们受到制约的规则的那种能力中去找寻。单
用哲学思辨是永不可能战胜根深蒂固的习惯的强制的。要等科学
家指示出办法来处理与古老传统把我们的思想训练得视为当然的
那些结构有所不同的种种结构之后,人类思想的多方面性才能够
发挥出来。在通向哲学领悟的道路上,科学家是路标的设置者。

　　几何学的哲学方面一直都反映在哲学的基本趋向中,因此,哲
学在它的历史发展中是深受几何学的影响的。从柏拉图到康德的
哲学唯理论坚持一切知识应按照几何学的样式来建立。唯理论哲
学家曾把他的论证建立在有两千多年之久始终未为人怀疑的对于[142]
几何学的一种解释上,即建立在这样的见解上:几何学既是理性的
产物又是物理世界的描述。经验论哲学家们反对这一论证,结果

都失败了；唯理论者有数学家站在他的一边，要反对他的逻辑，似乎是没有希望的。非欧几何学发现之后，情况为之逆转。数学家发现，他所能证明的只是数学蕴涵体系，只是从几何学公理导致它的定理的**如果一那么**关系而已。他不再认为有权利确认公理是真的，他觉得这一确认工作须让给物理学家去做。这样，数学的几何学被归结为分析真理，几何学的综合部分便划归经验科学了。唯理论哲学家已失去他的最有力的同盟军，经验论的道路是通畅无阻了。

这些数学发展如果开始于二千年前，哲学史就是另一幅情景了。事实上，欧几里德的学生之中很可能有一个波里亚，很可能发现非欧几何学；这种几何学的初步原理是能够用欧几里德时代可以获得的那种颇为简单的手段加以发展的。总之，太阳中心体系是在那个时代发现的，希腊罗马文明也曾发展了可与近代相拮抗的抽象思考形式。这种数学发展会大大改变哲学家们的各种体系。柏拉图的理念学说会由于缺乏几何知识的基础而被抛弃。怀疑论者会不至于对经验知识比对几何学更为怀疑，会获得勇气教〔143〕人以一种实证的经验论。中世纪就不会发现什么能包含在神学里自圆其说的唯理论。斯宾诺莎不会写他的《按照几何学方法陈述的伦理学》，康德也不会写他的《纯粹理性批判》了。

也许我是太乐观了吧？谬误能采用宣讲真理的办法来删除吗？导致哲学唯理论的种种心理动机是那么强烈，很可以假设它们会采取其他表现形式的。它们很可能袭击数学家的其他产品，把那些产品变为唯理论对世界解释的所谓的证据。事实上，自从波里亚的发现以来，已有一百多年过去了，但唯理论还未死灭。真理不是一种放逐错误的充分武器——或是更正确地说,智力上认知真理并不总是能给予人类思维以足够力量去抗拒根深蒂固的寻求确定性的感情要求的。

但是,真理总是一件有力的武器,它在任何时代都在最优秀者中召聚追随者。它的追随者的圈子是在日渐扩大中,那是有明显证据的。也许,这就是可以希望的一切吧。

# 9. 什么是时间？ 〔144〕

时间是人类经验中最突出的特性之一。我们的感官向我们提供它们在时间次序中的感知,通过这些感知,我们参加在时间的总流程中,这个在宇宙中发生的总流程产生着一个接一个的事件,并把它的产物留在它的后面,使成为某种流动的实体的结晶,而那种流动的实体在过去是未来的东西,在现在则成了永不能变更的过去的东西了。我们处在被叫做"现在"的这一流程的中央;但是,目前是现在的东西正在滑到过去中去,同时我们又移向一个新的现在,永远地留在一个永恒的现在中。我们不能制止这个流程,我们不能使它倒行,而使过去回来;它冷酷无情地载着我们前进,不让我们停息一下。

企图把时间的这种心理学描述翻译为数学方程语言的数学家发现自己面对着一个不容易的任务。不足为奇,他一开始就采取了把他的问题加以简化的办法。他剔除这个描述的感情部分,把他的注意力集中于时间关系的客观结构上,希望这样就能达到一个逻辑建构,来说明我们关于时间所知道的一切。那么,我们关于时间所感到的一切就应该可以解释为一个有情感的机体对于一个具有那些特性的物理结构的反应了。

〔145〕　　这样一种处理办法可能会使具有诗情的读者感到失望。但是，哲学不是诗歌。它是通过逻辑分析而进行的意义澄清工作；图像语言在它那里是没有位置的。

第一件使数学家关心的事是时间的**计量标准**。我们认为时间是由一种**均匀**的流程所进行的过程，它不依赖于我们观察中的、随着我们对于我们的经验内容所作的情感上的注意而变动的主观速度。均匀性意味着有一种量度的存在，即有一种相等性的计量存在。我们比较着连续的时间间隔，并有办法说出在什么时候它们是同样长度的。这些办法是什么呢？

我们用标准钟校正我们所带的表；标准钟则又由天文学家来校正。天文学家用恒星来校正他的标准钟。由于恒星的运动是地球转动的映象，因此，我们用来作为我们的标准时计的乃是转动着的地球。那么我们怎么知道转动着的地球是一个可靠的时计呢，即是说，怎么知道地球所记录的是严格地均匀的时间呢？

当我们问天文学家他是怎么知道这一事实的时候，他就告诉我们，我们使用地球时计时必须十分谨慎。如果我们把太阳的某一次上中天（通过天顶的时候）到下一次上中天这一段时间即是从一个中午到下一个中午算作一天，我们就不会达到一种均匀的时间。这一种时间，即太阳时，是并不完全均匀的，因为地球绕日运行所沿的轨道是一个椭圆形。为了避免这样造成的误差，天文学家用某一恒星的上中天所决定的周期来计量地球的旋转，这种时间叫做恒星时，排除了地球运行所造成的不规则性，因此恒星离开地球是那么远,地球对于一个遥远的恒星的方向可说是不变的。

那么,天文学家又怎么能知道恒星时是真正均匀的呢? 当我〔146〕们问他时,他会回答,严格说来,就是恒星时也不是完全均匀的,因为地球的自转轴并不老是保持同一方向,而是摆动的,即有点像转动着的陀螺的摆动那样微微摇摆的。(这种摆动的运动很慢,完成一个周转要经过约 25 000 年。)因此,天文学家称为均匀时间的东西,是一种不能直接观察的东西;他得用他的数学方程式表达出来,他的结果则将表现为他对于观察所得的数字所作的某些校正。那么,所谓均匀时间就是天文学家借助于数学方程式投射到可观察的资料中的某种时间流程。

只有一个问题还未解决。天文学家怎么知道他的方程式决定着一种严格均匀的时间呢? 天文学家会回答,他的方程式表达着力学定律,因为这些方程式是从自然观察中推导出来的,所以它们是有效的。但是,为了要检验这些观察所得的定律,我们又必须有一个参考时间,即一种均匀时间,根据这种时间我们才能发现某一运动是否均匀,否则我们就无法知道力学定律是否为真。于是,我们达到了一个循环论证。为了要知道均匀时间,我们必须知道力学定律,为了要知道力学定律,我们又必须知道均匀时间。

只有一条出路可以避免这种恶性循环,不把均匀时间问题视为一个认识问题,而是一个定义问题。我们不必问,天文学家的时间是均匀的这句话是否为**真**;我们必须说,天文时间**定义**着均匀时间。真正均匀的时间是没有的;我们称某种时间之为均匀的,只是为了要得到一个标准,我们可以拿其他种类的时间与之相参照。　〔147〕

这一分析就像我们在前面解决了空间测量问题一样解决了时

间计量问题。我们说过,空间的一致性是一个定义问题;同样地,我们现在说,时间的一致性也是定义问题。我们不能直接比较前后两个时间间隔;我们只能够**称**他们为相等的。力学定律所提供的,只是均匀时间的一个同格定义而已。这个结论必然的结果是时间的相对性;用任何均匀性的定义都可以,所得的各种自然描述虽然在词句上有所不同,都将是等值的描述。它们只是语言不同;它们的内容是同样的。

如果不用恒星的视自转周来定义时间的计量,我们也可以用其他自然时计,如原子的转动或光线的传递来定义。事实上,这些时间计量法确都是不谋而合的。均匀性天文定义的实用意义的源泉就在这里,它所提供的定义是与一切自然时计所提供的定义一致的。这样,自然时计为了计量时间而起的作用,就类似于在测量空间时的刚性物体所起作用了。

从时间的计量标准这一问题,我要转而考虑有关数学家的另一个问题。那即是时间**次序**问题。关于时间连续、关于**较先**和**较后**,或是说关于时间次序这个问题,是比时间计量问题更基本的。我们怎么能知道一个事件先于另一个事件呢?如果我们有一只表,那么它的均匀时间流程包含着时间次序的陈述;但时间次序关系应该可为一个不依赖于时间计量的定义所获致。对于一切可能的各种不同时间计量法,时间次序都应该是一样的,因此,确定时间连续应该可以不必参考时计上的数字。

对我们判断时间次序所用的方法略加考虑就可以看出,判断时间连续中有一个基本标准是必不可少的。原因必须先于结果;因此,一个事件如已知为另一事件的原因,前者必先于后者。例如,一个侦探如发现在一个隐秘处所有一笔用报纸包着的金银财宝,他就知道,把这笔财宝包起来这件事不会在报纸上所印日期之前,因为印刷报纸是产生这一份报纸的原因。因此,时间次序关系可以化为因果关系。

在这里我们不必研究因果关系,因为下一章我们就要谈到。在这里只需说,因果关系表达出一种**如果—那么**关系,这种关系可由同型事件的反复发生来检验。然而,我们必须说明的是,怎样来判别原因和结果。说原因是两个相关事件的较先的一个,对我们没有什么帮助,因为我们想用因果次序来定义时间次序;因此我们必须拥有一个独立的,能把原因从效果中区别出来的判断标准。

对一些简单的因果关系例子作一下研究,我们就可以知道,有一些自然过程是能清楚地区别原因和结果的。属于这类过程的有如搅混过程和与此相似的过程,这些过程是从有秩序状态进行到无秩序状态的。物理学家说到过一些**不可逆**过程。假想你手上有一段用电影摄影机拍摄的影片,你想知道它应该从哪一头卷起。你看见在有一格上是一杯加有奶油的咖啡,旁边是一只空的奶油〔149〕壶,在离那一格不远的另一格上你看见是同一杯子里是一杯清咖啡,而那只奶油壶里则盛着奶油。这样你就知道,后一格摄于前一格之前,你就知道怎样去卷这卷影片了。我们把奶油掺在咖啡里,但不能把它们分离。或是有一个观察者告诉你,他看见一所烧毁的房子的残迹,另一个观察者告诉你,他看见的那所房子是完好的,你就知道第二个人的观察先于第一个观察。烧毁过程是不可逆的,至于把房子照原样重建起来的可能性则由于我们知道两次观察之间的间隔未出少数几天之上这一事实而排除掉了,不可逆性和时间次序的关系可以用把电影片倒过来放映时我们看见的一系列图像来说明。香烟愈烧愈长，或许多碎磁片从地上飞起飞到桌上而拼成完好的杯碟，等等古怪的情形就是我们是根据不可逆物理过程作出关于时间次序的判断的这一事实的证明。（对于不可逆性将在第 10 章作较详细的研究。）

　　因果关系建立着物理事件的一种顺序秩序这一事实，是我们生活在其中的世界的基本特点之一。我们绝不可相信这个顺序秩序的存在是逻辑上必需的；我们满可以想象一个世界，在其中因果性并不导致一个首尾一贯的**较先**和**较后**的秩序。在那样一个世界里，过去和未来不是不可更改地互相分处的，而是可以在同一现在中碰头的，那样我们就可以碰到几年之前的我们自己，并和他们谈话。我们的世界不是这样一种世界，而是通过以因果关系为基础、被称为时间的顺序秩序容许有一个首尾一贯的秩序的，这只是一个经验事实。时间秩序所反映的是宇宙的因果秩序。

[150]

　　时间连续定义有一个相对物，叫做**同时性**定义。我们把两个之中没有一个比另一个较先或较后的事件称为同时的。当分处相隔遥远两地的事件相比较时，同时性问题会导致奇特的结果，这是一个经过爱因斯坦的分析而著名的问题。

　　当我们要想知道远处一个事件的发生时间时，我们可以使用能把事件发生的信息传递给我们的信号。但是，由于信号走完它的路程是需要一段时间的，那么信号到达我们所处地点的时刻是并不与我们所要确定的事件发生时间相一致的。通过声音信号的使用，这个事实是为人熟知的。当我们听见雷声时，离它在远处云里发生的时间已过去几秒种了。闪电所产生的光线走得快得多，所以,看到闪光的那一时刻就实用目的来说可以说是与闪电在云端发生的时刻是一致的。然而,为了要作更精密的计量,用闪电所作的时间确定与用雷声所作的时间确定是同型的,因此我们必须把光线经云端传到我们眼睛所需的一段时间考虑进去。

如果我们知道光速和所经的距离,光线传递的时间很容易算出来。问题在于怎么计量光速。为了要计量出速度,我们必须从一个地点送出一道光线使达到远处的一个地点,观察出发时间和到达时间,这样来确定光线的传递时间。再把这段时间除以所经长度,我们就获得了速度。但是,要计量出发时间和到达时间,我[151]们必须有两个时计,因为这两次计量是在两个不同的空间地点上进行的,这两个时计必须是互相对准的,或是说同步化的,即是说,它们必须在同一时间有相同的读数的。那就意味着我们必须能够在相隔遥远的两点上确定同时性。我们作这样的考虑已把我们引导到一个循环反复之中了:我们要想计量同时性,接着发现我们为了要作这种计量必须知道光的速度,接着我们又看出,为了要计量光速,我们必须先确知同时性。

如果我们能用一个时计就计量出光速,那就可以找到出路了。例如,我们如果不必在相隔遥远的地点计量光线信号到达的时刻,而用一个镜面把光线反射回来而回到出发地点来。那样,光线来回所耗的时间间隔可以单用一个时计就可以计量出来了。为了要确定光速,那就只需把来回的时间除以距离的两倍就行。这个办法,初初一看虽然好像大有希望,但仔细一考虑就发现它的不适用了。我们怎么知道光线回来的速度与发出去的速度是一样的呢?除非我们知道这一相等性,上述办法算出的数字就是无意义的。

但是,为了要比较来去两个行程的速度,我们又必须分别计量每一行程的速度。这样的计量又需两个时计,我们就又回到原来的困难上来了。

　　为了要确定同时性,也可以设法采用运送时计的办法。两个时计互相对准,当它们同处一个地点时并且是始终呈示相同读数的;然后就把一个时计运送到遥远的地点去。但是,我们怎么知道那个被运送出去的时计在运送中是否仍是同步的呢？为了要检验〔152〕时计的同步性,我们就得使用光线信号,这样又达到了跟前面一样的问题。把那个时计送回原来的空间地点并不能帮助我们,因为我们这样而获得的结果只是对于两个时计互相接近的情况下而言的。这个问题就像前面讨论过的,比较分处两个不同地点的测量杆的问题一样。

　　此外,运送时计的问题甚至要比运送测量杆的问题更复杂一些;按照爱因斯坦的理论,打了来回之后的那个时计如果与留在原地未动的时计比较,应该慢一些。这个结果有重要的逻辑意义。它适用于一切时计,包括原子在内,原子是在它们发射出来的光辐射的颜色中表示它们的转动的周期的;用迅速运动的原子进行实验已证实了爱因斯坦所预言的旋转渐缓。由于有生命的机体是由原子组成的,原子行为中任何变缓必定会表现为有机体必然要遭受的衰老过程的变缓。由此得出,以巨大速度旅行的活人就会变缓衰老过程,例如,孪生兄弟中之一去做宇宙旅行,他回来后就要比另一个年轻些(虽然他也仍旧要比他出发时老一些)。这个结论是根据爱因斯坦的得到很好地证实了的理论的无可置疑的逻辑而推导出来的。

回到同时性问题上来,我们就达到这样一个结论:经过运送的时计是不能用来定义"同时发生"关系的。我们必须另找适宜的信号来完成这个定义。光线信号虽然快,但也有一个极限速度,那么,如果我们能使用比光更快的信号,那就对我们大有帮助了。当我们想测计音速时,我们可以使用光线信号来比较时间,因为光速[153]比音速大那么多;这样而造成的误差,在数字上说是太小了,因此可以不予考虑。同样地,如果我们有一种比光线快一百万倍的信号,我们也可以不考虑较快的那种信号的传递时间而以足够的精确度测计光速了。这里是爱因斯坦物理学与经典物理学另一个不同之点。按照爱因斯坦,比光更快的信号是没有的。这不只意味着我们不知道有更快的信号;在爱因斯坦那里,光是最快的信号这个陈述是一条自然定律,可以称为**光速的极限性**原理。爱因斯坦已得出关于这条原理的结论性证据,因此我们没有什么理由去怀疑它,一如我们不必去怀疑能量守恒原理一样。

与前面对时间连续的分析结合起来,爱因斯坦的这个原理导出一些奇怪的关于同时性的结果,假设一个光信号在十二点钟发向火星,然后从那里反射回来;比方说它在二十分钟后回来吧。我们应该把信号到达火星的时刻算在什么时候呢? 如果把这个时间算为 12 点 10 分,这就意味着光速的来回是相等的;但是,我们看到,我们没有理由假定这种相等。事实上,从 12 点到 12 点 20 分之间这个时间间隔中任何一个时间都可以说是光信号到达火星的时刻。例如,我们可以说信号在 12 点 5 分到达;那么它的去程耗费五分钟,回程为十五分钟。我们对于时间连续的定义所排斥的是说光线在 11 点 55 分到达火星站,因为,在这样的时间指定上,光线要在它出发时间之前到达,效果要先于原因了。但是,只要我们把到达火星的时间选取 12 点到 12 点 20 分之间的一个数值,对于时间次序的定义总是可以得到满足的。这一时间间隔中发生于我们所处地点的任何事件是排除于与火星上光信号到达时间所发生的事件有任何因果交互关系之外的。因为同时性意味着排除可能的因果交互关系,所以,这一时间间隔中发生于我们所处地点的任何事件可说是与光信号到达火星是同时的。这即是爱因斯坦所说的同时性的相对性。

我们可以看出,时间次序的因果定义可以导致一种对于发生于远隔两地的事件的时间比较的非决定性。所以如此,乃是由于光速的极限性质。绝对时间,即无歧义同时性,可以存在在一个没有信号速度上限的世界里。但在我们的世界里,由于因果传递速度是有极限的,因此也就没有绝对的同时性。**时间的因果理论**说明时间连续和同时性的意义的方式就是这样:这个说明可以适用于经典物理学世界和我们的世界,在这个世界里因果传递速度有一个上限,同时性不是无歧义地定义的。

由于这些结果,时间问题的解答和空间问题的解答差不多。时间像空间一样,既不是一种理想的柏拉图式的存在那样须由洞见来感知的东西,也不是康德所相信的那样,是人类观察者加在世界上的一种主观秩序形式。人类思维是能够想象不同的时间次序体系的,在这些体系中经典物理学时间就是一种,爱因斯坦时间及其因果传递速度极限是另一种。在这许多的可能体系中,选择对我们世界有效的时间次序是一个经验问题。时间次序表述着我们生活于其中的宇宙的一种普遍属性;时间是实在的,一如说空间是实在的意义一样，我们关于时间的知识并不是先天的，而是观察的结果。实际的时间结构的决定乃是物理学的一章。——这就是时间哲学的结论。

同时性的相对性看来虽然是那么惊人，但这是合乎逻辑的，而且可以得到视觉化的。在一个因果传递的限制显得更为明显的世界里，爱因斯坦的见解的奇特性就会消失。如果有一天，与火星联系的无线电话建立起来以后，我们用电话去问一个问题得等候 20 分钟才能接到回答，我们就会习惯这种同时性的相对性了，我们就会把它看作为是十分自然的，一如我们今天把地球表面划分许多时区的不同标准时间之被视为十分合乎条理的一样。如果有一天，行星间的旅行实现了，从长途旅行中回来的人的衰老过程已经变慢，年龄要比本来与他同岁的人小了，这也将显得是司空见惯的了。科学家由抽象推理所获得的，最初接触时需要人放弃传统信仰的那些结论，对于以后的世代常常会成为熟悉的习惯的。

科学分析导致到对时间作出与日常生活中的时间经验大为不同的解释。我们感到是一种时间流程的东西，被揭示出原来就是构成这个世界的因果过程，这种因果流的结构已被发现，它的性质要比在直接观察中看到的时间所显示的复杂得多——有一天，征服了行星间距离之后，日常生活中的时间将变得像今天理论科学[156]中的时间一样复杂。不错，为了进行逻辑分析，科学须与感性内容分离开。但是，科学正在创造新的可能，这些可能有一天也会使我们经验到以前从未经验到的感情。

# 10. 自然的规律

〔157〕

　　因果性观念在近代每一种认识论里一直处于显著的地位。自然适宜于用因果律来进行描述这一事实,暗示着理性控制着自然中发生的各种事件这一见解;前面所叙述的牛顿力学对于各种哲学体系的影响(第 6 章)证明了综合先天判断这一概念的根源是在对物理世界所作的决定论解释中的。由于一个时代的物理学对于这一时代的认识论有深刻影响,因此有必要研究一下因果性概念在十九世纪至二十世纪物理学中所经过的发展——这一发展导致了对于自然规律观念的修正,并终结为一种关于因果性的新哲学。

　　先对因果性的意义作一次分析,将会大大地易于叙述这一历史过程。这样的考虑可以和对解释的意义的探讨(前面第 2 章里所阐述的)联系起来;依照这种探讨,解释就是概括。由于解释就是归结出原因来,那么因果关系是应该给予同样的解释的。事实上,所谓因果律,科学家指的就是**如果—那么**关系,此外再加上:这〔158〕种关系在一切时候都有效。说电流引起磁针偏转,意思就是:在任何时候,只要有电流,磁针就会偏转。"在一切时候"这一附加把因果律和偶然巧合区分开了。有一次,当电影院银幕上映出木材采伐场的爆炸时,有轻微的地震使电影院震动了一下。观众有一种瞬息即逝的感觉,好像是银幕上的爆炸引起了电影院的震动。当我们拒绝接受这一解释时,我们所援引的就是这个观察到的巧合不是可重复的这一事实。

　　由于只有重复能把因果律与单纯的重合区分开来,那么因果

关系的意义就包含在一种无例外重复的陈述中——也没有必要假
设其他了。原因与它的效果是由一种隐藏的线索连接着的这个观
念，效果是被迫跟随在原因之后的这个观念，就其来源而论，是拟
人论的，也是可有可无的；**如果—那么—定**就是因果关系所意味的
一切。如果电影院在银幕上出现爆炸场面时一定震动，那么这之
间就有一种因果关系。当我们说因果性时，我们所意味的只此而
已。

不错，有时候我们并不在确定了一次无例外的重合之后就停
步不前了，而是还要寻求进一步的解释。按压某一个键钮一定伴
随着电铃鸣响——这一照例出现的重合可用电的规律来解释，电
的规律指出电铃鸣响是电流与磁现象之间的关系的一种结果。但
我们如果进而要把这些规律表述出来，我们就会发现，这些规律反
过来也包含在一种**如果—那么—定**关系的陈述中。各种自然规律
之高出于按电钮型的简单规律，只在它们的更大的普遍性上。它
们表述出在种类极不相同的各种不同的个别例子中呈现出来的种
种关系。例如电的规律陈述着可在按钮电铃、电动机、无线电、回[159]
旋加速器中观察到的永恒重合的关系。

在大卫·休谟的著作中清楚表述出来了的用普遍性对因果性
所作的解释，现在已为科学家们普遍接受了。在他那里，自然规律
只是关于一种无例外重复的陈述，别无其他了。这一分析不只澄
清了因果性的意义；它还打开了道路，使因果性得到一种引申，结
果发现这种引申是理解现代科学所不可缺少的。

最初只是用来说明机遇游戏结果的统计规律很快被人发现也
可应用于其他许多范域。最初的社会统计材料是在十七世纪编集

起来的;十九世纪把统计概念引入了物理学。气体动力理论就是得到统计计算的帮助而建立起来的,按照这种理论,气体由大量的小粒子,即所谓分子,所组成,这些分子向各方面弥散,互相撞击,以极大的速度做无规律的曲折运动。统计方法成功地解释了为一切热过程所具有的、与时间方向具有那么密切联系的**不可逆性**现象时,可说达到最大胜利了。

大家知道,热从较热的物体向较冷的物体传递,而不是以相反方向传递的。当我们把一小块冰放入一杯水中时,水就逐渐变冷,它的热传到冰块中去而逐渐融化它。这一事实不能从能量守恒律推出。冰块并不是冷到一点热都没有的,它仍旧还是含有大量的热的;那么它很可以把它所含的热送入周围的水中,使水更热些,使它自己更冷些。如果冰所送出的热量等于水所接受的热量,那么这样一个过程就合乎能量守恒律了。但是这种过程从来没有发生过,热能只以一个方向运动,这一事实就必须被当作一种独立的规律来表述了;我们称为不可逆性规律的就是这样一种规律。物理学家通常称这一规律为热力学第二原理,把第一原理的名称保留给能量守恒律。

不可逆性原理的表述必须十分小心地来措辞。说热一定从较高温度流向较低温度,那是并不正确的。每一具电气冰箱都是一个反面例子。机器把热从冰箱之内抽到箱外去,这样使箱内较冷,使箱外周围较热。但是,它之所以能够这样,只是因为它耗用了电马达所供给的一定分量的机械能;这份能量被转化为房间的平均温度的热。物理学家已经证明,这份被转化为热的机械能的量是大于从电冰箱内抽出的热能的量的,如果我们把较高温度或机械能或电能的热视为较高程度的热,那么在电冰箱里下降的能就比上升的能为多。不可逆性原理应被表述为这样一种陈述:如果把有关过程都考虑在内,总能量是下降的,因此从整个说来这里有一种补偿的趋势。

这是维也纳一个物理学家波尔兹曼的发现,不可逆性原理可以通过统计考虑来解释。物体中的热量是由它的分子的运动所提供的;分子的平均速度愈大,温度就愈高。必须看清,这一陈述所涉及的只是分子的平均速度;个别的分子可以有很不同的各种速度。[161] 如果热的物体和冷的物体接触,它们的分子将会互相撞击。可能偶然地发生,有一个慢分子碰上一个快分子而失去了它本身的速度,同时又使快分子的速度更快。但那是例外;平均说来,通过互相撞击,速度会互相相等。这样,热过程的不可逆性就被解释成类似洗牌,或气体和液体的混合的一种搅混现象。

这种解释虽然使不可逆性规律显得可以相信,但它也导致出一种意外的、严重的结果。它剥夺了这种规律的严格性,而使成为一种概率规律。当我们洗牌时,我们不能说洗过的牌最后排列为前一半都是红牌而后一半都是黑牌为绝对不可能的;这样一种排列只能说是可能性很少而已。一切统计规律都是这种类型的。它们给无秩序排列提供一个很高的概率,给有秩序排列只是一个很低的概率。参加排列的东西的数量愈大,有秩序排列的概率愈低;但这个概率绝不会变成零。由于分子数目很大,热力学现象涉及的个别事件的数目是很大的,因此结果使向补偿方面进行的过程有极端高的概率。但是,严格说来,相反方向的过程亦不能说绝对不可能。例如我们不能排斥我们房间里的空气的分子有一天由于

纯偶然机会达到半间房完全是氧分子另半间完全是氮分子的排列

〔162〕方式的可能性。坐在完全是氮分子的那半间房里的设想可能是很不愉快的,但这种事件的可能性却不能绝对排除。同样地,物理学家也不能排除这样的可能性:你把冰块放进一杯水里之后,水就会开始沸腾,冰块则变得像深度冷冻箱的内部那样冷。但这一概率要比一座城市里每一所房屋同时都因独立原因而失火的概率还低,知道这点也许是一种安慰吧。

　　由于反面方向过程的低概率,对不可逆性规律作统计解释的实践后果虽然是意义不大的,但是,它的理论后果却具有极大意义。以前本是一种严格的自然规律的东西现在被发现原来只是一种统计规律;自然规律的确定性被一个高的概率所代替了。由于这一结果,因果性理论进入了一个新的阶段。其他自然规律是否会遭遇同样的命运,是否还有任何严格的因果规律留存下来,这样的问题就来了。

　　对这个问题的讨论产生了两种相反的见解。第一种见解认为,统计规律的使用只是一种知识不足的表现:如果物理学家能够观察到和计算出每一分子的个别运动,他就不必乞援于统计规律,而会对热力学过程作出严格的因果说明来了。拉普拉斯的超人就能这样办到;对于他,每一分子的路径就如恒星的路径一样都是可以预见的,他就不需要什么统计规律了。这一见解不放弃严格因果性的观念;它只是认为因果性是人的认识所不能知道的,人的认识由于不完善所以得乞援于概率规律。

〔163〕　　第二种见解是相反的看法。它并不相信个别分子的运动有什么严格的因果性,它认为,我们观察到的所谓自然的因果律始终是

大量原子事件的产物；因此，严格因果性观念可以理解为我们生活于其中的宏观环境中的种种常规的一种理想化，理解为由于牵涉到的基本过程数量太大而使我们把其实是统计规律的东西视为严格规律因而造成的一种简单化。按这种见解，我们没有权利把严格因果性观念推广到微观范域里去。我们没有理由假设分子是由严格规律所控制的；一个分子从同一个出发情况开始，后来可以进入各种不同的未来情况，即使是拉普拉斯的超人也不能预言分子的路径。

问题在于，因果性是一种终极原理呢还是只是统计常规的一种代替物，它只适用于宏观范域而不允许用于原子世界。根据十九世纪物理学，这个问题是不能解答的。是二十世纪的物理学，用普朗克的量子概念对原子事件进行分析，才做出了回答。根据现代量子力学的研究，我们知道，个别原子事件是不适合于因果解释的，而只受概率规律控制。这个结论在海森堡著名的测不准原理中得到了表述，证明上述第二种见解是正确的，即是说，严格的因果性观念应予放弃，概率规律把以前为因果性规律占据的地盘夺过来了。

如果把本章开始时所阐述的对于因果性的逻辑分析记在心里，这个结论就可以说是旧见解的自然引申。因果性应该作为一种无例外普遍性的规律，作为一种**如果—那么一定**的关系来表述。概率规律是有例外的规律，但这种例外是发生在一个有一定范围的百分数之内的。概率规律是一种**如果—那么在某一百分数之内**的关系。现代逻辑提供了处理这种关系的手段，这种关系与通常逻辑的**蕴涵**不同，叫做**概率蕴涵**。物理世界的因果结构为概率结构所代替,对于物理世界的理解就以一种概率理论的建立为前提了。

应该认清,即使没有量子力学的结论,对因果性的分析也表示出概率观念是必不可少的。在经典物理学里,因果律是一种理想化;对于因果描述说来,实际事件是比假设的要复杂得多。当一个物理学家计算一支枪所射出的子弹的弹道时,他是根据一些较大的因素,如药力,枪筒的倾度之类,来计算的;因为他不能把一切微小因素,如风向,空气湿度等都计算进去,他的计算的精确性是有限度的。那意味着,他之能够预言子弹将射到的点,是带有某种概率性的。或者,如果一个建筑工程师建造一座桥,他只能以某种概率预言桥的负载力;可能发生他所没有预料到的情况,而使桥在一个较小的负荷下折断。因果性规律即使是真实的,它也只能在理想客体上有效;与我们打交道的实际客体只在某种高概率的限度内是可控制的,因为我们不能够详尽无遗地描述它们的因果结构。[165] 由于这些理由,所以概率概念的意义在量子力学发现之前就被看到了。在量子力学的发现之后,那就更明白了,一个哲学家如果要想理解认识的结构,他就不能避开概率这个概念。

唯理论哲学在一切时候都援引因果性来证明这个世界的合理性质。没有对因果性的信仰,斯宾诺莎关于一个前定的宇宙的见解是不可设想的。莱布尼茨的关于在物理事件背后活动的逻辑必然性的观念就是立足在一切现象有因果联系这一假设上的。康德的综合先天的自然知识理论所援引的,除了空间和时间规律以外,就是作为这种知识的最好的例子的因果性原理。像空间和时间问题的发展一样,因果性原理的问题的发展,康德死后就一直是导致综合先天知识的解体的。唯理论的基础就被曾经给唯理论者提供主要支持的——以它的自然的数学解释——那门学科所动摇了。现代的经验论者正从数学物理学在推导出他的最具结论性的论证。

# 11. 原子存在吗？

〔166〕

物质由被叫做原子的微粒所组成这一点，被我们今天受过教育的人视为确定不移的事实了。他如果在学校里没有学到过，报纸也已经告诉了他。既然有原子弹，那么必定也有原子存在，这似乎已是证据确凿的了。

科学史家却要采取一种较为批判的态度。他知道，原子的存在自古以来就有人主张，但他也知道，这个问题一直是有争论的，主张有原子和反对有原子的论证都很有力。如果他的这部科学史包括了最近二十五年的史实，那么他更知道，虽然在十九世纪中原子理论已达到原子存在已属无疑的境界，但最近的发展重又发生了争论，并使原子的存在比任何时候更成问题了。

我们把原子论从德谟克里特（纪元前 420 年）的哲学算起。他是希腊哲学史中最杰出的人物之一。德谟克里特认为，如果我们假设物质是由微粒所组成，那么物质的物理属性，它的可压紧性和可分割性就能很合理地作出解释了。这样，把一种实体压紧些，这就是把原子挤得靠拢一些，原子本身则是完全坚实固定的，大小是始终不变的。德谟克里特的理论是一个很好的例子，说明推理能〔167〕得到什么成就，什么是推理所做不到的。推理可以提供可能的解释；这解释是否为真，那么推理就不能确定，而需让观察去做。希腊人没有能力用经验的检验来证实原子论。他们企图用更进一步的理论，而不是用观察，去补充这个理论。他们相信原子系由小钩子连接在一起的；一种较精致的实体，如灵魂或火，是由很小、很光滑的原子所组成；较大的物体则由同样大小的原子聚集起来而形成，这种自然过程就像海浪淘选小圆石子一样。但是，想象而没有实验的检验，只会通向空泛的思辨。例如，有关原子论的哲学论争之一是，原子间的空虚空间是否逻辑上可允许的概论这样一个问题；一个空虚空间是无物，如果原子之间无物，那么它们一定互相紧贴，而形成一个坚实的整块——这样的话，就没有原子了。

　　当十九世纪的前夜，原子论从定量化学实验得到了一个基础的时候，它从哲学思辨的场地上被移植到科学研究的土壤上来了。J.道尔顿测定了化合物中化学元素的重量比例，发现那些比例都是固定不变，并且都是由简单的整数所构成。例如，水的两种成分，氢和氧，一定由一比八的比例相结合；如果有一种元素本来就是过多了；那么过多的部分就不会被包含在化合物里。道尔顿看到，这些数量上的比例要求着一种原子论的解释。物质的最小部分，即原子，以一定的比例相结合；两个氢原子和一个氧原子相结合，原子的重量比例则以在道尔顿的测定中发现的比例描述出来。

　　自从道尔顿定律的时代以来，原子的历史曾一直是胜利的进军。只要是原子概念被用来解释观察性测定的场合，它总可以提供清楚明白的解释；这种成功反过来又成为原子存在的压倒一切的证据。在气体动力学说中，不但可以用原子概念解释气体的热运动，并且还可以计算出每一立方英寸中有多少个原子或分子。

这个大得惊人的数目,要用 21 位数字写出来,提供了单个原子是极端微小的证据。有机体的复杂结构可以被解释为是由几百个原子组成的分子所构成的。如果没有原子理论,化学工业成就是不可能的。

物理学家更进一步地认为,原子论不只限于对物质有效,电也必定视为由原子所组成。电的原子约在十九世纪末发现,被称为电子;够奇怪的,它们都有一个负电荷,有几十年之久,物理学家们相信电的正原子不能从物质中分离出来,晚近的发现证明,正电子也是有的,通常称之为正子。另一些晚近的研究发现,还有另一些基本的物质粒子存在,其中担任重要角色的是中子。

当原子的胜利进军通过那么些科学部门而继续前进时,它却在一个重要的部门里停步不前了:那个部门就是光学。以引力理论知名的伊萨克·牛顿也是光学方面的伟大探索者之一。他看到,光线的直线性质可以用光线是由从光源中以巨大速度射出微[169]小粒子所组成的假设来说明。按照运动定律,这些微粒应沿直线运动。这样牛顿就成了直到十九世纪初始终占统治地位的光的粒子说的创始人。牛顿的同时代人 C.惠更斯所首创的光的波动说在开始时没有什么成就。经过整整一世纪之后才作出一些有决定意义的实验,证明光的波动性质,从而结束了光线的原子论解释。这些实验以干扰现象为中心,在干扰现象中两道光线互相重叠就会互相抵消,这是粒子说所不能设想的结果。两个粒子以同一方向运动只会产生更强大的冲力,造成光强度的增加;但两个波以同一方向运动,如果一个波的波峰与另一个波的波谷相重合,就会互相抵消。干扰现象可从水波中看到,它可以用来说明交错的波纹所产生的奇特图案。然而,光波的传播介质却被认为并非水或空气那种具有物质性质的东西,而被假设为是一种具有特殊的、几乎非物质结构的实体,这种实体被称为以太。

紧接着实验发现之后的是,对光进行数学分析的发展。最后,光波理论经过 J.麦克斯韦的研究工作而与电现象理论结合起来了;H.赫兹所作出的电波的实验性证明消除了对以太波可能性的〔170〕最后疑问,光的波动说成了一种"从人这方面来说的确定事实",这句话是 1888 年赫兹在德国科学家协会的一次集会上所说的。

约在十九世纪末,物理学到达了一个看来是最后的阶段:光和物质,物理实在的两大表现形式,它们的终极结构似乎已被人认识清楚了。光由波组成,物质由原子组成。任何人敢于怀疑物理科学的这些基础,就会被人视为外行或疯子,没有一个严肃的科学家会去费神和他争论。

物理学理论总只能作出它们那个时代的观察知识的说明;它们不能自称为永恒的真理。H.赫兹说一种"从人这方面来说的确定事实",他的措辞是够谨慎的。古往今来的物理学家们言论所表达的卓见中,恐怕没有比这句话里所表达的更深刻的了。果然,这种理论在赫兹说过那句话十年后所产生的转变证明了对科学理论确定性所划定的限度。

1900 年带来了 M.普朗克的量子发现;二十世纪所带来的我们对于物理实在理解的根本性改变,这个巧合可作再好没有的例子。为了要解释在实验中找到的关于热体辐射的定律,普朗克提出了一个见解;一切辐射,包括光射线,都是在整数控制之下的,即是说,都是以他称为**量子**的能的基本单位的整数量值而进行的。

按照他的见解，能量由基本单位量子所组成，能量释出或吸收，都是以一个或两个或一百个量子的移转，而不是会以若干分之一个量子（分数）的移转而进行的。量子就是能量的原子，不过这种原子的大小，即能量单位的总量，依赖于它被移转时所发生的辐射的波长；波长愈短，量子愈大。因此，普朗克的发现似乎是原子论的一个新胜利；当爱因斯坦把普朗克的理论引申为光线由针状的波束所组成，而每一个波又各负载一个能量子的想法时，原子这个观念似乎最终地征服了原子论一直未能征服的物理学领域了。爱因斯坦的物质和能的等式近年来在铀的裂变中成为如此戏剧性地令人注目的东西，似乎是原子论必定可以包括辐射现象的另一证明了。〔171〕

在 N.波尔的原子理论中，量子得到了极重要的应用。在这种理论中，这两条发展路线，原子论和辐射论两条路线，最后汇合到一起了。对原子的研究使人看清，原子本身应被视为更小微粒的结合，但那些微粒是结合得如此之紧，在一切化学反应之下原子仍处于作为是相对稳定的单位的状态中。原子是有内部结构的这一点，最初是由俄国人 D.门捷列夫的发现所指出的，门捷列夫在十九世纪中叶看到，如果各种化学元素的原子按重量来排列，它们的化学属性就会呈现一种周而复始的秩序。英国物理学家 E.卢瑟福把这些发现与电子的发现联系起来，而构造了行星式的原子模型，按照这种模型，原子由一个原子核以及像行星在各以自己的轨道那样环绕它运行的一定数量的电子所组成。1913 年，N.波尔当时是卢瑟福的年青助手，他发现卢瑟福的模型必定与普朗克的能量子概念有关。电子只能沿着处于距中心一定距离的轨道上环〔172〕

绕,这些轨道是十分确定的,每一轨道所代表的力学能或是一个、
或是两个、或是三个量子,总之都代表一定数目的量子。这个见解
物理学家初初看来虽然是那么奇怪,可是它只要涉及观察材料的
结果,就会导致惊人的成效,因为波尔的理论为光谱学资料,即能
说明每一元素特点的光谱线系列,提供了极精确的解释。1913 到
1925 那几年成了扩大应用和不断证实波尔理论的时期,波尔理论
得到了更进一步的深入,对每一个别元素的原子结构作出了一个
说明。

　　然而,虽然有这一切成功,量子的发现,结果仍是一件有绳子
捆着的礼物。它对于光谱学虽然具有那样的解释力量,但在旁的
范围却出现了一些不可解释的困难。量子见解的基础本身是与电
波发生和从光学中知道的干扰现象的经典理论不相容的。这样,
这个新理论危及了物理学的理论一贯性:有些现象要求光的粒子
解释,有的现象又要求波动解释,看不出有任何办法能使这两种矛
盾的理论得到和解。

　　然而,对于哲学方面的观察者来说,最奇怪的现象是这样的事
实:物理学研究并未被这些矛盾弄得瘫痪了,物理学家仍旧能够对
付着带着这两种互相矛盾的见解继续前进,并学会了有时候运用
这一种理论,有时候又运用另一种理论,只要是涉及观察发现的就
能获致惊人的成就。我并不认为这个事实证明了矛盾是与物理学
理论无涉的,重要的是观察的成就;我也并不认为,像黑格尔派所
〔173〕相信的那样,矛盾是内在于人类思维中的,并且作为推动力而起作
用的。我更倾向于认为,它证明了新观念的发现是遵循着不同于
逻辑秩序规律的另一些规律;半截真理的认识对于有创造力的思

维可以成为一种充分的指导，指出通向全面真理的道路；互相矛盾的理论倒反是有帮助的，因为虽然在那时还不知道，但必有一个更好的理论存在，这种理论能统括一切观察材料，并消除矛盾。当人在探索的时候，真理是在沉睡之中；但真理是必定将被那些即使道路为矛盾的树丛所阻断时仍不停止探索的人们所唤醒的。

光和物质的两种理论的发展中的有决定意义的转折是法国物理学家路易·德布罗伊所提出的一个见解。当物理学家们解决不了光**是由**粒子**还是由**波组成的这一问题时，德布罗伊大胆提出了光是**既由**粒子**也由**波所组成的观念。他甚至有勇气把他的观点引申到物质的原子上去，物质原子到那时为止是还没有要求人作波动解释的；他发展了一种数学理论，按这种理论，每一物质微粒也都伴随着一个波。这样，**非此即彼**就为**兼而有之**所代替了，因此，这种两重性解释是从德布罗伊的发现为开始的，从此以后这种两重性解释被视为是物质结构本性的一种不可避免的后果。戴维逊和盖默尔使用一种干扰装置做了一次实验，在这次实验中，德布罗伊的波可以被证明为代表着一束电子而存在的，这样，物质波的存在是毫无疑问地被确定下来了。

德布罗伊的观念为薛定格所采用，薛定格作成了一个微分方程式，这个方程式已成了通常称为量子力学的现代量子理论的数[174]学基础。他的数学理论与一些旁的理论恰巧相合；那些旁的理论初一看是与它很不相同的，也是一方面由 W.海森堡、M.波恩和P.约尔丹，另一方面由 P.狄拉克等人独立地分别发展而成的。这一些发现全都完成于1925—1926年间；在这样一个相当短的时期内一种新的关于物质元素的物理学发展出来了，这种新物理学交给物理学家们一个有力的数学工具,这种数学工具的使用他们还得学起来呢。使用这种工具的困难是从波粒二重性导致出来的。说物质又包含着波又包含着粒子,意味着什么呢?虽然数学工具已经拿在手里,但它的解释还有很大的困难。在这里,我们遭遇到了一种发展状态,它显示出数学形式的相对独立性;数学符号可说有它们自己的生命,甚至在符号使用者尚未了解符号的终极意义时,这些符号就已能导致出正确结果了。

德布罗伊已把**兼而有之**的最简单意义解释过了。他相信,粒子与波相伴随,波和粒子一起行动,并控制着粒子的运动。薛定格则与之相反,他相信他可以不要粒子,而只有波,但这种波在一定的微小空间范围里积聚,这样就形成了一种像是粒子的东西。他说的是行为像粒子的波包。当这两种说法都被证明为不成立之后,波恩提出了这样一种想法:波并不构成任何物质性的东西,而只代表概率。他的解释给了原子问题一个意外的转折:基本实体[175]被假设为粒子,它的行为并不由因果律所控制,而是由按数学结构而论与波相似的一种形式的概率规律所控制。在这样解释中,波不具有物质客体的实在性,而只具数学量值的实在性。

海森堡继续发展这种见解,指出,对于预测粒子路径来说,有一种特殊的测不准性,它使精确地预测路径为不可能,这一结果是在他的**测不准原理**中表述了的。有了波恩和海森堡的发现,对微观宇宙作因果解释就一变而为作统计解释了;个别原子事件被视为不是由因果律所决定,而只是遵从概率规律的,于是,经典物理学的**如果一那么一定**就被**如果一那么在某一百分率上**所代替了。波尔把波恩和海森堡的结论结合起来,在最后发展出一种**互补原**

理,按照这个原理而论,波恩的解释只提示了问题的一个方面;波也可能视为从物理学上说是实在的,这是一种不承认有粒子存在的见解。在这两种解释之间没有办法进行区别,因为海森堡的测不准性使任何**决定性的实验**不可能进行;即是说,它排斥了精密到足够判明那一种解释为真,那一种为假的实验。

解释的两重性这样地采取了它的最终形式:德布罗伊的发现的**兼而有之**并不具有波和粒子同时都存在的那种直接意义,而只具有一种间接意义,即,同一物理实在容许有两种解释,两种解释中的任一种都和另一种同等地真,虽然两者不能合成为一个图像。逻辑家就会说了:这个**兼而有之**并不是物理学语言中的,而是**元语言**中的,即是说,是表述物理学语言的那种语言中的。或用另一个[176]说法,这个**兼而有之**不属于物理学之内,而是属于物理哲学之内的;它所涉及的不是物理客体,而是物理客体的可能描述,因此就落于哲学家的范围里了。

事实上,那是从惠更新和牛顿开始,经过几世纪的发展,在德布罗伊、薛定格、波恩、海森堡和波尔的量子力学中达到最高潮的,波动说和粒子说之间的争论的最终产物:**什么是物质**这个问题无法单由物理实验来回答,而要求对物理学进行一次哲学分析。可以看到,它的回答依赖于**什么是知识**这个问题。躺在原子论摇篮里的哲学思想,在十九世纪这一百年中被实验分析所取而代之;但是,研究的结果终于达到了一个复杂困难的阶段,它又要求回到哲学探究中去。然而,这次探究的哲学可不是单纯的思辨所能提供的;只有一个科学的哲学才能协助物理学家。为求理解这个最新的发展,我将不得不探讨一下关于物理世界的陈述的意义。

　　知识开始于观察:我们的感官告诉我们什么存在于我们的身体之外。但我们并不满足于我们观察到的东西;我们要想知道更多,要想探究我们不能直接观察到的事物。我们采用思维运算的手段达到这个目的;思维运算能把观察到的资料联结起来,并加说明,以推测未观察到的事物。这一办法是日常生活中也使用的,一如在科学中使用的一样;当我们从路上的黏泥推论出不久前下过雨,当物理学家从磁针的偏倾推论出在导线中有一种叫做电的不可见的实体,或是当医生从一种病的征状中推论出病人的血液中有某种病菌时,那种办法就在进行着。如果我们想理解各种物理理论的意义,我们必须研究这种推论的本性。

〔177〕

　　在我们尚未对这种推论进行考察之前,它可能会显得烦琐细碎;但在较深刻的分析之下,它就会显出,它是具有很复杂的结构的。你说,当你在你的办公室里的时候,你家的房屋是在原地无变化地存在着。那你是怎么知道的呢? 当你在你的办公室里的时候,你并未看见你家的房屋呀。你会回答,你能够很容易地证实你的陈述,只需回去看看你的房屋便行。不错,那时你将看见你的房屋,但那个观察能否证实你的陈述呢? 你所说的是,当你不看见你的房屋时,它在那里;你所证实的是,当你看见你的房屋时,它在那里。你怎么知道,当你不在时,你的房屋在哪里呢?

　　我看出你有点生气了。你说,那班哲学家,他们总是想愚弄所有的人。如果房屋早晨也在,下午也在,它怎么能在上午不存在呢? 这个哲学家难道认为一个承包人能在一分钟里把房屋拆掉,在另一分钟里又把房屋盖起来吗? 这种无聊的问题有什么意义呢?

麻烦之处在于,除非你能给这个问题找出一个比常识的论证所提供的答案更好的答案,你就不能解决光和物质是由粒子还是由波构成的这个问题,这是哲学家提出的论点:常识可以是一种良好工具,只要所涉及的是日常生活的问题;但是,当科学探讨达到一定的复杂阶段时,它就是不够用的工具了。科学要求对日常生活的知识进行再解释,因为不论知识所涉及的是具体客体或科学思想的构成,它最终总是具有同一本性的。因此,我们必须在我们〔178〕能够回答科学问题之前对日常生活的简单问题找出较好的答案来。

希腊诡辩派的首领,哲学家普罗塔哥拉斯以他的主观性原则而知名,他把那个原则作了这样的表述:"人是一切事物、是它们所是的事物以及不是它们所不是的事物的尺度。"我们不能明确知道他用这句真正诡辩的陈述所意味的是什么,但我们不妨假设,对于我们的问题他可能会说:"房屋当我瞧着它时是存在着的,当我不瞧着它时,它一定消失了。"你能用什么来反驳他呢? 他并未说房屋以通常方式,通过砌砖工和木工的手而消失并重现;他所说的是它是以一种魔法方式消失的。他坚持主张,产生房屋的是一个人类观察者的观察,因此,未被观察的房屋就不存在。对于这种由一个人类观察者所造成的魔法般的消失和创造,我们有什么论据可以加以反驳呢?

你可以说,你能支使你的办公室的听差去看,问他房屋是不是仍在那里。但是,听差跟你一样也是一个人;他的观察可能跟你的观察一样产生这房屋。当没有人观察到它的时候,它还会在那里吗?

　　你可以说，你能把背朝着房屋而观察到房屋的影子；那么，那样观察到的房屋一定还是存在的，因为它投出一个阴影。但是，你怎么知道未观察到的那个事物投出阴影呢？迄今你已看见的是观察到的事物投出阴影。你很可以假设影子继续存在而客体已经消失、那里是没有房屋的阴影、来解释当你不看见房屋时而看见的阴影。请不要论证这种不存在客体的阴影是从来未曾被人观察到的。只有你假设你要证明的东西，即假设当你不看见房屋时房屋继续存在时，那样说才是真的。如果你像普罗塔哥拉斯一样作相反的假设，对于他的陈述你就会有许多证据，因为你曾看见过房屋形的阴影，而同时并没有看见房屋。

　　你会援引常识而提出一个新理由，来为你自己辩护。你回答说，"我为什么应该假设，对于未观察到的客体光学定律就变了样呢？不错，这些定律是对于观察到的客体而建立起来的；但是我们难道没有可以压倒人的证据，来证明它们一定也适用于未观察到的客体吗？"然而，你在事后略作思索就会发现，这种证据我们是完全没有的。因为未观察到的客体是从来未被观察到的，所以我们没有那种证据。

　　只有一条出路可以摆脱这个困难。我们必须把我们关于未观察到的客体的陈述不视为可证实的陈述，而视为我们为了大大简化语言而采取的协定。我们所知道的是，**如果**这种协定被采用了，它就可以无矛盾地到处应用；**如果**我们假设未观察到的客体与观察到的客体是同一的，我们就达到了一个物理定律的体系，这些定律既对观察到的客体有效，也对未观察到的客体有效，后面一个陈述虽是一个**如果**陈述，它是一个事实，并且可以证实为真的。它证明,我们关于未观察到的客体通常使用的语言是一种**可容许的**语言。但这并不是唯一的可容许的语言。一个普罗塔哥拉斯说当房屋未被观察时它们就消失了,他所说的也是一种可容许的语言,如果他愿意同意这样一个结果:他得构造两个不同的物理定律体系,一个用于观察到的客体,一个用于未观察到的客体。

这次漫长的讨论的结论是:自然并未给我指定一种专用的描述;真理并不限于一种语言。我们可以用英尺或用米尺来测量房〔180〕屋,可以用华氏表或摄氏表来衡计温度;如第 8 章所示,我们可以用欧几里德几何学或非欧几何学来描述物理世界。当我们使用不同的计量制或不同的几何体系时,我们说的是不同的语言,但我们说的却是同一事物。当我们说的是未观察到的客体时,描述方式的多元性便以更复杂的形式再显现出来。说出真理的方式有许多;就逻辑意义上说它们是等值的。说假话的方式也有许多。例如,如果我们用的是摄氏表,我们说冰在 32℃ 时融化就是假话。因此,我们的哲学并不抹杀真理与虚假之间的区别。但是,忽视真理描述的多元性,那就是目光短浅的。物理实在容许有一类**等值描述**;为了方便起见,我们采取一个描述,而这种采取是只以协定为根据的,即是说,以任意决定为根据的。例如,十进位制比其他记写法提供一较方便的量度描述方法。当我们说的是未观察到的客体时,最方便的语言是常识所选定的一种语言,按照这种语言,未观察到的客体和它们的行为与观察到的客体和它们的行为没有区别。但这种语言是以协定为根据的。

等值描述理论的好处就在于它允许我们表述某些为常识语言所不能表述的真理。我指的是前面所提的**如果**陈述所表述的真理；不错，如果我们假定未观察到的客体与观察到的客体是同一客体，我们就不会达到矛盾的境地了，或是换一句话说，在可容许的物理世界描述中，有一种描述之中的未观察到的客体是与观察到的客体有同等地位的。让我称这种描述为**正规体系**。物理世界容许它的描述有一种**正规体系**，那是最重要的真理之一。我们总是[181]把这个真理视为理所当然的；我们从来不把它表述出来，因此也不知道它是一个真理。我们认为它是没有问题的，一如人们在物体向地上堕落这件事中看不见问题一样，因为这种观察是一种太普遍平常的经验。但是，科学的力学正是从把落体定律表述出来开始的。同样地，对于未观察到的客体这一问题的科学理解也开始于"未观察到的客体通过一种正规体系而描述是可能的"这一陈述。

我们怎么知道这是可能的呢？我们所能说的一切只是，世世代代的人的经验已证明了它。然而，我们不应该相信，这个可能性能由逻辑定律来证明。我们的世界能够这样简单地被描述，使观察到的和未观察到的客体结果没有区别，这是一件幸运的事。这就是我们所能主张的一切了。

关于未观察到的房屋我们说到这里为止。物质的粒子也是未被观察到的客体。让我们看，我们的结论是否可以引申到这上面来。

如在我们日常生活世界中一样，在原子世界里也有可观察到的和不可观察到的东西。可观察的是两个粒子间的或一个粒子和一道光线之间的冲突；物理学家设计出了巧妙的工具，能指示出每一个个别的冲突。不可观察到的是两次冲突中的间隔情况，或从放射源到冲突之间的这段途程上的情况。因此，这些事件是量子世界中的不可观察到的东西。

但是，它们为什么不能被观察到呢？我们为什么不能使用一具超倍显微镜，观察粒子在它们的途程上的情况呢？困难在于：要看见一个粒子，我们就得给粒子进行照明；给粒子照明这件事是与给一所房屋照明那件事不大相同的。一道光线投射到一个粒子上就把这个粒子从它的途程上推开；因此，我们观察到的是一次冲突而不是一个粒子平稳地在它的途程上行进。试想象你想观察一个在黑暗的大厅里沿着自己的途程在滚动着的球；想象你开亮了灯，并想象光线射到球上那一刹那就把球从它的途程上推开。球在你开亮灯以前，它在哪里呢？你没法知道。幸而我们的例子对于滚动着的球说来是不真实的；因为球太大了，光线的冲击未能显著地扰乱它的途程。对于电子和其他物质粒子，情形就不同了。当你观察它们时，你就一定在扰乱它们了；因此，你无从知道观察之前它们的行动。

就是在宏观世界里，也有观察所造成的某种扰乱。当一辆警车从一条车辆往来频繁的大街上通过时，警车上的人看见周围的车辆都在速度限制之内慢慢地行驶。如果这个警官从未穿着便衣乘着一辆普通车辆在马路上经过，那他就会推论，一切车辆在一切时候都以合度的速率行驶的。我们与电子打交道时，无法穿着便服；当我们瞧见它们时，我们就一定扰乱它们的行驶习惯了。

你将论辩说，可能这是真的，我们无法观察到一个未受扰乱的粒子在它的途程上行进，但是，我们是否能够采用科学推论的手段计算出，当我们不瞧着它们时它们是怎样行动的呢？这个问题使

〔182〕

我们回到前面我们对未观察到的客体的分析上。我们看到,我们可以以各种不同方式说及这样的客体;我们看到,这里有一系列的等值描述;我们看到,我们将为我们的描述选取一种最适当的正规体系,即是说,未观察到的客体与观察到的客体无区别的一种体[183]系。然而,我们对于粒子观察的讨论已经弄明白,对于粒子我们是无从获得一个正规体系的。电子的观察者是一个普罗塔哥拉斯;他所看见的东西就是他自己制造出来的,因为,看见电子同时也就是制造着电子与光线相冲突。

说及粒子,那就是在每一时间点上给予粒子以一定的位置和一定的速率。例如,一个网球在它的途程上在每一刹那占据一个一定位置,并在这一刹那具有一定的速率。位置和速率在每一刹那都是可用适当的工具测量的,然而,对于微小粒子如海森堡所指出的,观察者的干扰使同时测出这两个量值为不可能,我们可以测出粒子的位置或测出它的速率,但不能同时都测出。这是海森堡的测不准原理的结论。问题就产生了,是否并不存在着其他的确定未测出量值的办法,能使未测出量值间接地与观察到的量值关联起来的方法呢。如果我们假设未观察到的量值和观察到的量值一样服从于同一规律,这该是可能的。然而,量子力学的分析已作出了否定的回答;由于在因果性方面存在着一种特殊的区别,未观察到的客体和观察到的客体是并不服从于同一规律的。控制着未观察到的客体的各种关系破坏着因果性的种种要求;这些关系导致种种**异常的因果情况**。

当进行干扰实验时,即是,用一束电子或一道光线使通过一道狭窄的隙缝,并在视屏上产生由黑白条纹所组成的干扰图案时,就会产生这种区别。这种实验一贯以来被解释为光的波动性质的结果，这是波峰和波谷的重叠。然而，我们知道，当我们使用强度很[184]小的辐射时，结果形成的图案是大量小冲击作用于视屏的结果（虽然当小量辐射继续足够长的时间之后，也会形成与前面说的图案结构相同的图案）；因此，那些条纹是由类似机枪火力的一种轰射所造成的。这些个别的冲击无法合理地解释为波。波到达遍布视屏的一个大阵面上；然后，只在视屏的一个地位发生一个闪光，接着波就消失了。波可以说是被闪光吞掉了，这一事件是与通常的因果律不能相容的。这是波动解释导致不合理结论或异常因果情况之点。如果我们与此相反而假设辐射由粒子组成，那么视屏上的冲击就容易得到解释了。然而，如果使用两个隙缝，困难又发生了。那时，每一粒子必定得通过两个隙缝之一，不是这个就是那个。那么，干扰图案就是两个隙缝的交互作用的结果；但是，每一隙缝在总图案中所参与的部分却能够得到证明，它是与在另一隙缝关闭的情况下这个隙缝所造成的图案有所不同的。这意味着，过了粒子所选取的隙缝之后的途程将会受到另一隙缝的存在所影响；也可以说，粒子知道另一个隙缝开着还是关着。这是粒子解释达到异常因果情况，即违犯通常因果律之点。一切其他实验安排和一切可能的解释也都有类似的违犯情况发生。这一结果，在能从量子力学基础中推导出来的一种**异常原理**中得到了表述。

以异常情况为形式的违反因果性原理，必须小心地与表现在从因果律到概率规律的转移中的那种引申区别开。与上述异常因果情况相比，原子世界的事件之为概率规律，而不是为因果规律所[185]控制这件事，显得是一种相对无害的结论。上述这些异常情况所涉及的是表述着一种确定不移的因果传递属性的接触作用原理：原因必须通过空间逐渐扩展，它才会达到产生某种效果的一点。如果一辆机车开始开动，列车的各节不会立刻跟着运动，而是有间隔的；机车的拉力必须一节车厢一节车厢地传递，它才会最终地传到末一节车厢。当一具探照灯开亮时，它不会立刻照亮它所对准的客体；光线必须通过所间隔的空间才行，光线如果不是传播得那么快，我们就会觉出光亮传播所需的时间了。原因不能当即对远距客体起作用，而是一点接一点地传递，直到它接触客体而产生效果为止——这一简单的事实是已知的一切因果传递中最显著的特点之一；因此物理学家不会轻易地放弃那样一种信仰：他在这一特性中掌握到因果交互作用中一个必不可少的因子。即使向概率规律移转也不一定蕴涵放弃这个特性。概率规律可能构造得使概率一点一点地传递，结果形成一条概率的链子，类似于通过接触而产生的因果作用。对于量子物理学中的不可观察到的东西的分析迫使我们放弃接触作用原理，这种分析之导致到异常原理，这个事实对于因果性观念所作的打击要比向概率规律移转所作的打击大得多。因果性的这一次崩溃使我们不能以谈论宏观世界中的未观察到的客体那种意义来谈论微观世界的未观察到的客体了。

〔186〕　　　这样，我们达到了宏观事物世界与微观事物世界间的一种特殊区别。这两个世界都建立在可观察的东西外加不可观察的东西这个基础上的。在宏观世界中，对于观察到的现象作这样的补充并不引起困难；不可观察的东西是效仿着可观察的东西的样式的。然而在微观世界里，对于可观察的东西就无法作出合理的补充。不可观察的东西，不论是作为粒子或作为波而引入，其行为都是不

合理的、违反已确定的因果律的。对于这些不可观察的东西不存在正规体系来进行解释，我们无法以对于日常生活的世界所蕴涵的意义来谈论这些不可观察的东西。我们可以把物质的基本组成物看作为粒子或波；这两种解释对于观察都同等地相合也同等地不相合。

那么，这就是故事的结束了。波动说的主张者和粒子说的主张者之间的论争已转化成为解释的二重性。物质的构成物是波还是粒子，这是一个涉及不可观察的东西的问题；原子范围的不可观察的东西，跟宏观世界中的不可观察的东西有所不同，是不能够由一种正规体系的假设来单独决定的——因为在那里没有这种体系存在。

我们应为自己庆幸，这种非决定性只存在于微小客体中；对于宏观客体它就不存在了，因为，由于普朗克量子的微小，海森堡的非决定性对于宏观客体是不可觉察的。即使对于整个原子来说，这种非决定性也可忽略掉，因为原子也还是比较大的东西；因此，我们不妨把原子作为粒子处理，而忽略掉波动见解。只有原子内部结构，在其中起主要作用的是电子那样的较轻的粒子，那才要求量子力学里的解释二重性。

〔187〕

为求理解二重性的意义，让我们想象一个世界，在其中有一种类似的二重性对于宏观物体是有效的。假设有机枪火力通过一间房间的窗户，后来我们发现子弹都射在房间的墙上，这样那就似乎没有疑问，这火力是由子弹组成的。我们进一步假设，火力通过窗户的行程是按照着通过隙缝的波所服从的规律的；这火力就在子弹在墙上的分布中造成了像干扰图案中的条纹那样的图案。我们又打开另一个窗户时，射中墙上某一部位的子弹数目就变成为较少而不是较多，因为波在这一点上进行了干扰。如果不可能直接观察途程中的子弹，那么我们也能够把火力解释成为是由波或粒子所组成的；这两种解释都可以是真的，虽然每一种都会引起某种不合理的结论。

这样一个世界的不合理性将总是只存在于它的结果里，而不是存在被观察到的东西里。个别的观察不会与在我们的世界里所作的观察有什么不同；但它们的总和会决定一些与因果性基本原理相矛盾的蕴涵。我们可以称庆的是，我们这个由石头、树木、房屋、机枪等等组成的世界不是这种类型的世界。不错，生活在那样一个环境里，事物在我们背后就调皮捣蛋，在我们瞧着它们的时候则合理地行动着，那是相当不愉快的。但我们不能够推论说，微观世界一定与宏观世界一样具有同样的简单结构。对于原子世界，不能把不可观察的东西置于单一的决定之下。我们必须懂得，原子世界的不可观察的东西可以用种种不同的语言来描述，其中总有一种是正确的语言，那也是不成问题的。

［188］

量子力学事件的这一特点，我要把它视为波尔的互补原理的更深刻意义。当他把波动和粒子描述称为互补的时候，这意味着对于其中之一是一个适当解释的问题，另一个就不是适当的解释，反之亦然。例如，考虑到视屏上的干涉图案时，我们将采取波动解释；但面对着使用能把个别的、有一定位置的冲击显示给我们的盖格计数器的观察时，我们将采用粒子解释。应该注意到，"互补"一词并不解释或消除量子力学语言中的逻辑困难；它只是给这些困难一个名称而已。这里的一个基本事实是，对于解释量子力学中的不可观察的东西,是没有正规体系的;我们如果要使不同的事件避免异常因果情况,我们就得乞援于不同的语言——这是互补原理的经验内容。此外还得着重指出,这个逻辑境遇在我们的确实的宏观世界里是找不到类似情况的。因此,我不认为提出爱和正义、自由和决定论等等的"互补"可以说明量子力学的问题。在这里,我宁可说这是**两极性**,用改变名称的办法指出,这些宏观世界关系的结构与量子力学的互补是大不相同的。这些关系与把语言从可观察的东西引申到不可观察的东西这件事无涉,因此并不涉及物理实在的问题。

　　曾有人乞援于改造逻辑的办法作出不同的处理。不采取语言的二重性或互补性的办法,而是构造一种形式更明白的语言,这种[189]语言在逻辑结构上足够广泛到可以适用量子力学微观世界的种种特殊性。我们的日常语言是以二值逻辑为基础的,即是,以只具"真"和"假"两个真值的逻辑为基础的。要构造一种三值逻辑,即具有一个非决定的中间真值的逻辑,是可能的;在这种逻辑里,陈述或是真,或是假,或是非决定的。借助于这种逻辑,量子力学可能用一种中性语言写出来,这种语言不谈波或粒子,而只谈重合,亦即碰撞,并让两次碰撞之间途程上所发生的事保持为非决定的。这种逻辑看来是量子物理学的终极形式——这是指从人这方面说来。

　　从德谟克里特的原子到波动粒子二重性是一段漫长的途程。宇宙的实体——指的是物理学家的意义而不是指把它与理性视为同一件东西的哲学的比喻解释——结果原来是具有相当暧昧性质的东西,而不是哲学家和科学家相信了约有两千年之久的那种固体粒子。类似于我们日常环境中物体所显示的可觉察实体的那种有形体实体的见解已被认为是感觉经验的一种外推。唯理论哲学认为是理性的要求那种东西——康德称之为综合先天实体概念——已被揭示出是环境制约的一种产物。原子现象所提供的经验使人必须放弃有形体实体的观念，并要求人们对我们用来描述物理实在的描述形式进行修正。语言的二值性质是和有形实体一同产生的，现在已得到证明，甚至逻辑基础也是适应人类出生的那个简单环境的产物。思辨哲学从来未曾显示过可与科学哲学在科学实验和数学分析指导下显示的那种智力相抗衡的想象力。真理的道路是由一种因太狭窄而不足以看到可能经验的多样化的哲学的种种错误所铺砌的。

〔190〕

# 12. 进　化

〔191〕

　　在未受训练的观察者看来，在活的有机体和无机自然之间似乎有一种内在的区别。就实际而论，动物生命的一切形式都显示了独立运动的能力，通过它们的行为表示出一种有计划的活动，指向机体本身的利益。不止人类，动物中有些物种也一样，它们的种种有计划活动可以显示出对于未来需要的长远预谋：鸟筑巢为了住宿和哺儿，田鼠在土地里挖掘巢穴，并在里面贮藏过冬的食物，蜜蜂贮藏蜂蜜。还有许多有计划行为都是为了繁殖，为了那种使种族在个体死亡时延续的令人惊叹的机制。

　　植物不显示我们喜欢称为计划的活动；但它们确实也有那样一种机能，使它们的反应能服务于营养个体、延续物种的目的。它们把根深深长入地里，深到能吸取水分，它们把绿叶转向太阳，太阳的射线是它们需要的生命力的泉源；它们的繁殖机制保证着众多的后裔。

活有机体是一个为了自存和物种存续而行使机能的体系；这不但对于我们称为"行为"的那些可看见的生命表现说来如此，对于作为一切行为的基础的身体的化学机制说来，也是一样。食物的消化和氧化这个化学过程被安排成能对机体提供活动所需的热量，植物甚至还设计出一种那样的过程，使它们能借助于叶绿素粒子直接利用太阳的辐射能以帮助它们生存。〔192〕

与无机界的盲动功能——石块的落下、水的流动、风的吹刮——相比较，活有机体的活动好像是有一种计划控制着的，是导向一定目的的。无机界则受因果律所控制；过去通过现在而决定着未来。对于活有机体，这个关系似乎是倒过来的；现在所发生的事情被安排成服务于一个未来的目的，现在所发生的事情似乎是由未来，而不是由过去所决定着的。

这种由未来所作出的决定，叫做**目的论**。亚里士多德在他的最终因概念中所给予目的论、即**最终目的性**的地位，相当于物理世界描述中因果性的地位。自从亚里士多德的时代以来，科学家就一直面对着物理世界的这种二重性：虽则无机界被视为由因果律所控制着的，但有机界则似乎由目的和手段的规律所控制。这样，最终目的性被赋予了在逻辑上平行于因果性的功能；这两者似乎都是根本的，于是，单是根据因果关系来思考自然的物理学家就被认为犯了职业成见的谬误，这种谬误会使人盲目不见他自己的狭窄专业以外的种种研究要求。

[193]　　这种把因果性和最终目的性平行起来的见解虽然像是一个中立观察者的判决,但我们听起它的主张来总有些勉强,忍不住要认为它的论题中总有些根本错误的东西那种感觉。物理学不是与生物学相平行的科学,而是更基本的科学。它的规律并不对于活的物体就无效了,而是既包括有机体也包括无机体;但生物学则只限于研究那些同物理规律一道控制着活机体的特殊规律。在生物学中对于物理学规律没有例外情况。活物体如无支承就像石块一样下落;活机体不能从无产生能,它们在消化过程中证实了一切化学定律——没有一条物理学规律必须附加"过程发生在活机体中则例外"这样一句话的。

　　如果活机体显示出具有要求以物理学规律以外的特殊规律表述的属性,那么这种额外附增情况并没有什么奇怪。我们知道,热的物体显示出力学中未提及的属性,有电流通过的导线所显示的属性是力学和热力学都不能解释的。说组织状态较复杂的物质具有组织状态较简单的物质所不具有的属性,这里面没有困难。但是,假设有生命物质具有与无机物质的属性相矛盾的属性,那就似乎不可允许了。

　　事实上,目的论是和因果性相矛盾的。如果过去决定未来,那么未来就不决定过去,至少不能以"决定"这个词在这句话里的意思决定过去。这个词有一种静态的意义,可以使决定在两个方面都起作用;例如,数目 $x$ 决定它的平方 $x^2$,同时 $x^2$ 也决定它的正

[194]　根 $x$。但是,因果性是一种通常意义的决定。风决定树的倾斜形态,但不能反过来说。不错,我们可以从树的倾斜形态来推论当时的风向;但我们如果说,在这一意义中树的形态也就决定着风的方

向，那我们使用"决定"一词只是指一种互相关系的静态意义而已。倾斜的树表示有风，但不产生风；而风则产生树的倾斜形态。"产生"一词不必理解为是逻辑分析所得不出来的；我在前面(第10章)已经解释过，因果性的单向性质是可以得到逻辑表述的。如果要使我们对时间流逝的见解有任何意义的话，因果性与目的论是相反对的；通常意义的决定只能以一个方向实现。把生命解释为本质上与物理过程不同，是由目的控制，而不是由原因控制，那是与时间方向的观点不能相容的。诉诸常识而主张上述二重性的生物学家不应忘记他在另一方面正好与常识相矛盾了：他放弃了形成这个见解。

　　稍为再进一步分析，就可以看到，在这一两难论题里，目的论者的自卫力量是不充分的。只要牵涉到有目的的行动，决定行动的不是未来事件，而是一个活机体对于未来事件的预测。我们种下种子，为了要植树；决定我们的行动的不是未来的树，而是我们现在心目中的未来的树的形象，我们通过它而预想出它未来的存在。我们说这是正确的逻辑解释，那是可以从这样的事实里看出的：发育中的种子可以受到毁坏，因此就不会有未来的树了；那么，预想到的未来事件就永不会发生，而现在的行动，即下种这事，则始终不变。永不会发生的事是不可能决定现在发生的事的。一般〔195〕的决定是从过去走向未来的，而不是可以倒过来的。当把人类行为中所观察到的有目的行动认为是未来对于过去的一般的决定时，这就是对有目的的行动的一种误解。无论常识，无论科学都不能允许与因果性相矛盾的一般的决定。目的论与因果性的平行说是一种逻辑误解的产物。

那么目的论还剩下些什么呢？如果一个目的必须与因果性相容，对现在的决定不能是未来的产物，而必须是由计划作出的决定。然而，一个计划之能有效果，只有通过一个具有思维能力的机体的媒介才行。但目的论的组织则远远地超出了人类这个物种。我们很难说耗子按照计划行事，虽然它也贮藏食物；没有人会说一棵植物在实现它的繁殖物种的计划，虽然它把种子撒落在土地上。要避免拟人论的表述，必须谨慎地措辞：活机体的活动所表现的样式，是有机体如果按照计划行动所会采取的样式。从这一事实进而说有一种以神秘方式控制着有机体行为的计划存在，那意味着用与人类行为类比的方法来解释整个有机界，意味着以类比来代替解释。目的论是一种类比论，是一种假解释；它属于思辨哲学，在科学哲学里是没有地位的。

那么怎么才是正确的解释呢？事实依然是有机体的活动表现为那样一种样式，好像它是由一种计划控制着的。我们应否把这一事实作为一种纯然的巧合，一种机会的产物而记录下来呢？统计学者的良心反对这种见解：这样一种巧合的概率会是极小极小〔196〕的，这使我们不能接受这种解释。要想得到因果解释的欲望似乎已经到了死胡同里。因果性究竟怎么才能假设有目的行为的现象呢？

一个人初次看见海岸上的卵石，他很可以设想这些卵石是按照一定计划放在那里的。在靠近海洋处，部分地为海水所淹没，是较大的卵石，稍远些是较小的卵石，再远些则是沙层，先是较粗粒的，最后是海岸最高部分的细沙。这看来好像有人清理了海岸，把卵石和沙按照大小整得井井有条。我们知道，假设这种拟人法解释是全无必要的；水带来了卵石，把较轻的送到海岸较高处，这样就自动地按照大小把它们作了整理。的确，海浪的个别冲击是采取无规律的机遇样式的；没有人能预言某一块卵石最后被置于哪一地点。但是这里面进行着一种选择；只要有一块较大的和一块较小的石头被同一海浪所输送，那较小的一块将被送到稍远一些的地方。机遇和选择结合而产生秩序。

这是达尔文的伟大发现：活机体的表面目的性，可以按类似方式用机遇和选择结合起来予以解释。像大多数伟大的思想一样，达尔文的选择原理在较早的时代也已曾经为人所想到过。希腊哲学家恩培多克勒曾经发展出一种幻想的理论，活机体是以断片形式从土地里发生的；个别的肢体、头、身体四处游荡，于是凭机遇结合为一些古怪的综合物，其中只有最适者存活下来。但是，尽管是[197]一种好的想法，如果用不充分的理论形式加以阐述就往往会失去它的解释力量并且被人忘却，要到它重新被发现，并为人安置在一种结论性的理论中时才会被人再想到。达尔文的自然选择和最适者生存的原理是用科学研究的手段发展出来，并且以缜密的进化理论形式表述出来的。这就是为什么"达尔文学说"这个名称被用来表示通过自然选择而实现的进化那种见解。并且，他的科学工作的广度也证明了人们把达尔文视为高出于他的较年轻的同时代人 A.R.华莱斯是有理由的；华莱斯独立地不依赖达尔文也发展出了自然选择的思想，但他的科学工作就不能与达尔文的广大成就相比了。

当我们按物种差异的程度对现存物种进行分类时，我们总是从一个物种进而考虑另一个在解剖结构和机体构造上最接近它的物种，这样我们会得到一个**系统的**次序，即是说，得到这样一个序列，在这个序列中每一物种根据相似关系而获得它的序列位置。在这个系列的最上端是人类；人类之下是猿，接着是其他哺乳动物；然后经由鸟类、爬虫、鱼这样一个系列达到各种形式的海洋动物，最后到最下端，是单细胞活机体形式，阿米巴。达尔文作了推论，现在同时存在的物种的**系统的次序**代表着这些物种发生的**历史次序**，生命从单细胞的阿米巴开始，经过千百万年而进化为渐趋高级的诸形式。

　　这个推论是很好的归纳逻辑。人人都愿意把它应用于较简单的实例上去。请假想一只生命只有一天的五月蝇对于各种类型的[198] 人类会观察到什么吧：它会看见婴孩、儿童、少年、成人、老人，但不会看出那些个体中的任何成长和变化。如果五月蝇里面出了一个达尔文，这只杰出的五月蝇很可以推论它观察到的现时一日存在的人类各种年龄表示着一种历史次序。如果考虑到时间比例，五月蝇的条件还比我们好得多；与物种进化的时间长度相比，人的生命期限要比五月蝇与人类最长寿命相比的一天寿命短得多。没有什么可奇怪的，我们无从真正地观察到进化的变化，与这个过程相比较，六千年的有记载的人类历史只是一个长度无限小的时段而已。因此，我们只好永远依靠从系统的次序到历史的次序的推论，从同时序列到先后序列的反推论。

　　当然，还有一个证据可以引来证明这个推论。还有地质学上的发现：不同的地层含有各种不同的化石，这些不同种类的化石被安排得在较高的地层中含有差异较大的生物形式。这似乎有理由把地层的空间次序和它们形成的时间次序等同起来了。这样，地质学就保藏着任何考虑到的时间所达到的动物生命状态的记录，此外，地下发掘给我们提供了在现存物种系统的次序中缺失的许多物种的标本，而取得了补足脱节处所的效果。特别是人与猿之间的缺失环节，已由某些头盖骨标本的发现而被找到了，这些头盖骨是猿的突出的眼眶和比猿为大但比人为小的脑容量的综合；向后退缩的前额只能留出很小的空间来容纳脑前区。这种猿人的脑子可以进行某些脑力活动，虽然位置于脑前区的通过回忆以前对〔199〕于经验的反应的结果而利用经验的能力，仅只发展到很有限的程度。附带地说一下，猿人现在被认为是人类和现存猿类的共同祖先，那么，猿类只是人类的旁系而非直系祖先。

如果我们把上面提及的证据视为结论性的，我们就得承认生命从阿米巴进化到人类的事实。但是，这里还剩下一个**为什么**有这种进化的问题。生命为什么发展成为较高的形式？进化好像是一种按计划的过程；人们很可以被诱惑而认为进化对于目的论提供了能想象的最坚强有力的支持。

达尔文的最伟大贡献就在这里：达尔文看到，进化的进步能够单用因果性来解释，而不需任何目的论的见解。繁殖的各种无规律变异产生着个体的种种差异，这些差异意味着对于生存的不同适应；在生存斗争中，最适者生存，由于它们把它们的最高能力传给后裔，结果造成进步性的渐趋更高形式的变化。如海滩上的卵石一样，生物的物种是通过选择的原因而排成序列的；机遇结合选择而产生次序。

达尔文的选择理论曾被人多次讨论过和改进过，但其基础从来未曾被动摇。达尔文受到他的伟大的前驱者拉马克的影响，他深信后得性质的遗传;他认为,一个个体通过训练而获得的功能适应是被传递给它的后裔的。关于这个论点,以及这个见解在达尔文自己对于他的学说的见解中所占的地位,曾有过许多争论。然[200]而,现在可以作出两条确实的陈述:第一,目前可得到的一切实验证据反对后得性质之遗传;第二,"达尔文学说"不需要任何这种假设。现代生物学把达尔文的自然选择思想和某些实验发现结合起来,对于"有方向的"遗传变化已提供了一个充分解释,从而摆脱了"拉马克学说"。

这个解释的基础是对于**突变**,即个体的遗传性质中的变化的实验证明。这种突变可用 X 射线或热使之发生;在自然中,它们通过随机原因发生,而不是由于个体对它的生活条件的任何适应。这种突变有许多都将是无用的;但如果发生有用突变,这些有用突变就会给予个体较高的生存能力。由随机原因造成的遗传突变一旦被证明为存在的,其余就只须用概率规律来说明了,概率规律虽然作用缓慢,但最后终将产生逐渐趋于更高的生命形式的。

什么批评也不能缩小这一证明的力量。如果有人反驳说,大多数突变都那么微小,它们并不带来可看出的对生存有利之处;那么概率论者就将回答他,随机变异会在各个方向上发生,最后由于纯粹的机会它们会在一个方向上积聚起来,而产生明显的对生存有利之处。突变的微小能够延缓进化过程,但它不会使之停止。如果有人反驳说,许多突变都是无用的;那么答复就是,只要**有**有用的突变,那就行了。通过生存斗争实现的选择是不可反驳的事实,接着就是机会与选择结合而产生秩序——这个原理是不可避[201]免的。达尔文的自然选择理论是可用来把明显的进化目的论化为因果论的工具。突变和遗传等问题已由现代遗传学家对它们的一切分支作了研究，以后还得作更进一步的探索；但是，目的论的需要已被达尔文的理论所取消了。

进化理论是从头到尾以间接证据为根据的。是否可能为它构造一个直接证据呢，比方说，在试管里培养出人类来呢？

要在实验室实验的短促时间内复制出自然用了千百万年实现的过程，那可能显得要求太多了——如果自然并未在每一个人的胚胎发育中提供这个过程的短时间复制品的话。这个发育过程以单细胞阶段开始，经过一些较复杂的阶段；这些阶段（如海克尔所说）重演了进化的全部历史，虽然采取的是简略的形式。例如，这里面有这样一个阶段，人的胚胎发展出腮缝，其外观与鱼的胚胎没有多大分别。把哺乳动物的受了精的卵子放在试管里，让它发展成为完全的个体，这种可能性看来并非过于勉强的。但是这个实验并不能证明多少东西，因为原始材料（受精的卵子）是一种自然产物而不是化学合成物。最后是否能人工地制造哺乳动物的卵子或精子，还是很成问题的。现代生物学家如能用合成方法制造出一个阿米巴，他就该很高兴了。

但是，这样一种实验实在是具有高度结论性的。我们对于从阿米巴到人的进化已拥有很好的间接证据，差不多已不再需要直接实验来加以巩固了。从无机物只要培养出一个活细胞来就够[202]了，这是关系到想使进化理论成为完全的理论的生物学家的最迫切的问题。一次成功的这一形式的实验也许不是太远的事情。对染色体的研究已经证明出，传递个体属性的遗传基因，即染色体线状结构的那些短小部分，并不比蛋白的分子大。假定说，生物学家有一天能构造出合成的遗传基因型的蛋白质分子和原形质型的蛋白质分子，然后把它们合在一起，那就制造成一个具有活细胞一切特性的集合体了。只要这一实验成功，它就可以结论性地证明生命的起源可以溯源于无机物了。

生命问题并不包含违反一种经验论哲学的原理的矛盾——这种矛盾是十九世纪生物学的结果。生命可以和一切其他自然现象一样得到解释，生物学并不需要违反物理学规律的原理。活机体外表上的目的论是可以归结为因果性的。生命并不要求一种非物质的实体，一种**生命力**，一种**圆满实现**（隐德来西），或任何一个用来称呼这种超自然本质的名字。主张有一种这类特殊生命实体存在的**活力论**哲学从历史上说可以归为哲学唯理论的后裔。它是从这样一种哲学中产生出来的，这种哲学认为思维具有控制宇宙的力量，并要寻到一种能把思维的根源解释成为一种不服从物理世界规律的实体的生物学。经验论不但在哲学家的体系中表现出来，并且也在科学家进行他的实验研究的态度中表现出来。在这〔203〕一意义上，现代生物学是经验论的，即使它的某些专家们仍力图把他们的科学研究与活力论哲学结合起来。

生命的进化只是一个漫长的故事的最后一章，这个故事就是宇宙的进化。自从古代人幻想的宇宙开辟说以来，这个宇宙怎样发生的问题一直引起人类的遐想。现代科学使用了观察和推论的精密方法所作出的答案比古代人所曾梦想的任何幻想还富于幻想。关于这些学说我要作一个简短的概述，这些学说展示了科学方法在它的最伟大成就之一里面所表现的力量。

首先得采取一个逻辑步骤：科学家所问的不是这个宇宙怎样

发生，而是宇宙怎样成为现在这个样子的。他探究着从前一状态到目前状态的演进，从而设法尽他所能把这个历史往后回溯。此外是否还剩有什么应该要探讨的，是我马上要讨论的问题。

第一个问题是地质学研究的结果所得出的，地质学揭示了这个地球的外壳是由一个炽热的气体的球冷却下来而形成的。地球的内部仍是炽热的；原始的地壳可在花岗岩上看到，岩石上面是海洋加在上面的沉淀层，这个沉淀层构成了我们几个大陆的表面的大部分。够奇怪的，地壳形成过程的延续时间可用一种地质钟来计量，科学已学会看这种钟的示度了。铀、钍等放射性元素以一定的速度衰变为较耐久的物质，最后放射完毕而变成铅。测量出目前地球表面上所能找到的放射性物质的总量与铅的总量的比例，地质学家就能确定从纯粹放射性物质发展成目前所有的这种物质[204]全部所需的时间。假设放射性元素形成于地球气体状态时，当时还没有衰变产物存在，地质学家就可以把地壳的年龄与这个时间视为是相等的。这样得出，地球的年龄是 20 亿年左右。

第二个问题关系到恒星。一颗恒星，像我们的太阳一样，显然也是在演进中的；它以极大的速度发出辐射，因此必定拥有能源以维持这种能的不断逸失。如赫尔姆霍兹所认定，这种能源之一是引力；恒星收缩着，向其中心运动的物质把速度变换为热。另一个更有力的能源是元素的转化，就像原子弹爆炸过程中所发生的那样。在恒星内部的高温中——据估计太阳的温度在其中心为摄氏两千万度——核聚合和核分裂的过程是永恒地进行着，质量被转化为能量。这些过程为贝泰、伽莫夫及其他一些人根据有关原子核形成的最近发现作了分析。产生能量的主要过程是由氢形成为氦,氢释放出大量的能,而物质质量的耗费则相对地较少。(设计中的氢弹就是模仿这种过程的。)对太阳作了计算之后知道,它的氢的藏量这样"烧掉"约可以烧120亿年,其中20亿年已过去了。在这个过程中,太阳将慢慢地愈来愈热,达到一个最高值之后,它将迅速冷下来。

[205]　　恒星演化理论是由一种形式很不相同的推论,像达尔文的进化理论中所用的那种推论,所确证的,对于在夜空中可看见的全部星辰,天文学家们已发现了一种系统的次序,这种次序可视为是代表着每一个星的个体所经过的各阶段的历史次序的。从同时的系统的次序到时间连续次序的推论又一次地显示了力量。这一推论应用于恒星,比应用于生物系统较困难些,因为恒星的系统的次序是不易看出的。这种探究的基础是天文学家 H.N.罗素和 E.海兹普龙所编制的统计图。在这张图上,恒星按光谱形式而分类,即是,按照光谱仪在恒星的光中所揭示的某些谱线而分类的,这些谱线所表示的就是光的温度。和星的亮度相结合,光谱形式就把所有的星按某种方式排列起来。如果这样构造起来的系统的次序被视为表示着恒星的生命阶段的通常历史次序,那么这一解释就符合于关于在恒星内部发热的见解所得出的结论了。年轻的恒星是体积大而物质密度低的气体的球;它们的光是带红色的,因为它们的温度不甚高。年岁大的星体积较小,但物质密度较高。当它们的温度还很高时,它们发出白光,到它们最后冷却时就变成不可见的了。红巨星阶段和白矮星阶段之间就是一颗恒星的生命史。结局是不甚美妙的:我们的太阳将逐渐加热一个时期,后来会使海洋都煮开了,这样人类也许就得迁移到一个离太阳较远的行星上去。

但最后，太阳将冷却，变成一块又冷又无生气的物质，它的四周不能再有生命。由于一切其他恒星都有这样一个相同的命运，宇宙最后将得到热力学第二定律(见第 10 章)所预言的温度均匀化这〔206〕个绝症而死去。

第三个问题所涉及的是各个银河系的历史。一个银河系是千百万恒星的集聚。我们的太阳以及它的行星体系属于我们在夜空看见的，它的范围为我们称为银河的那个银河系。其他银河系在各个旋涡星云里，那些旋涡星云离我们的银河系有几百万光年，它们和我们以及它们自己之间都隔着空虚的空间。由赫勃尔首先作出的光谱镜观察揭示出，实际上所有的银河系都以巨大速率逃离我们而去，离我们愈远的旋涡星云，其速度也愈大。假设每一个旋涡星云在它的途程上是始终以同一速度运动的，那我们就能算出它是从哪里来的。这个数字揭示出，约在 20 亿年前，所有的银河系都挤在一个地方，可以假设为是一个温度极高、硕大无朋的气体球。

在这全部计算中，20 亿年这个数字的出现，最为惊人。因为，约在 20 亿年前，我们的宇宙，我们的太阳，我们的地球似乎已开始在形成了。一切天体都显示着那样一个演化过程，它指向一个共同的开始，那个遥远的时间就写在光谱学和地质学的数字里。甚至是在通过宇宙空间时为我们地球所拦截住的陨石都显示出这同一日期，这个日期是放射衰变产物在它们的质料中表示出来的。古时候，有一个硕大无朋的炽热的气体球，这就是宇宙从这里面出生的阿米巴——进化的故事就是这样开头的。

这是否我们所能询问的一切呢？科学已把宇宙的历史回溯到

〔207〕二十亿年前。在那个时候之前又是怎么样的呢？我们可以询问那个原始的气体球是怎么开始存在的吗？

无论何人，他要是问起这个问题，他就踏到哲学领土上了；力图回答这个问题的科学家就变成哲学家了，因此，我很想解释一下，现代哲学家会作出什么回答来。

思辨型的哲学家们采取杜撰一个宇宙形成说，把虚构放在科学的地位上，或规定了一个从无创造出物质来的做法——这种回答只是一种很笨拙地掩饰起来的"我们不知道"。更进一步，把这个答案建立在"我们永不会知道"的基础上，那就意味着伪装谦逊，实际上是自以为具有预测未来科学发展的能力。

现代哲学家则以另一种态度作答。他不作可让科学家卸除责任的确定回答。他所能做的只是把能够加以有意义地询问的问题说清楚，并扼要提出几个可能答案，留给科学家将来有一天说出那一个答案是真的。事实上，现代物理学已对这种逻辑课题提供了不少资料，如果目前所知道的可能答案结果是不充分的话，他们将找到进一步解决的办法。

询问物质怎样从无发生，或是寻找一个始因，不论指最初事件的原因或整个宇宙的原因，都是无意义的问题。用原因来解释意味着指出一个按照普遍规律与后一事件有关的前一事件。如果有一个最初事件，它就不能再有原因，于是找寻解释也就不会有意义了。但是，最初事件是不必有的；我们可以想象每一事件之前都有一较早事件，时间是没有开始的。时间在前后两个方向上的无限性，对于我们理解并不造成困难。我们知道，数列是无尽的，对于〔208〕每一个数都有一个较大的数。如果我们把负数包括在内，数列也

没有开始;对于每一个负数都有一个较小的数。没有开始也没有
终点的无限级数在数学中已得到成功的处理;在这里面没有什么
悖论性质的东西。提出异议,说必定有一个最初事件,时间必有开
始,那是未经训练的头脑的态度。逻辑并不告诉我们以任何有关
时间结构的东西。逻辑提供的是处理手段,它可以处理无开始的
无限序列,也可以处理有开始的有限序列。如果科学证据有利于
从无限来到无限去的无限时间,逻辑没有异议。

各种反科学的哲学有一个爱用的论证,即是,解释必定会在一
个地方终止,总有不可回答的问题遗留下来。但是,这里所说的问
题乃是由误用语言所构成的。在某一组合中有意义的词句,在另
一组合中可能毫无意义。能够有一个从来没有过孩子的父亲吗?
任何人都会认为,把这种问题当真的哲学家是可笑的。关于最初
事件的原因或关于整个宇宙的原因的问题,并不比上面这个问题
高明些。"原因"一词表示两个事物之间的关系,它不能用于只涉
及一件事物的场合。由于根据定义,在整个宇宙之外没有事物可
以是它的原因,因此,整个宇宙没有原因。这一类型的问题只是空
洞的咬文嚼字,而不是哲学论证。

科学家不去找寻宇宙的原因,他只能找寻宇宙目前状态的原
因;他的工作将只是把他能根据自然规律解释宇宙的出发日期逐
渐回溯上去。今天,这个日期是 20 亿年前,那是一个相当长的时[209]
间过程,根据天文观察推导出它的历来事件是头等重要的科学成
就。有那么一天,可能从这个日期再回溯 20 亿年。

我们所以要把这个日期再回溯上去,因为一个火热的气体球,
集中在一个狭窄地点,周围是空虚空间这样一个状态并不很像是

一个开始——它要求用更早的历史来解释，它不是一个能够维持较长时间的状态，因为它不是一个平衡状态。也许，有一天这个气体球将被解释成是一个经过类似于我们的宇宙的进化的进化过程的超宇宙中的一团星云。我们不知道未来的望远镜能告诉我们一些什么——也许它们会从不属于我们这个扩展着的体系中的更遥远的旋涡星云方面给我传来一点消息（参阅边码第 214 页脚注）。

　　爱因斯坦的相对论对最初的气体球提出了较令人满意的解释。照爱因斯坦说，宇宙不是无限的，而是一个封闭的黎曼球型空间。这并不是说，宇宙关闭在一种球形外壳中，这外壳又位于一个无限空间中。它是说，全部空间是有限的，同时又并不具有边界。我们不论在何处，那里总有空间从四面八方包围着我们，并且看不见边际；但是，如果我们沿一条直线运动，最后总有一天从另一方向回到我们的出发点来。我们不妨把三度空间的这些属性和我们的地球的二度表面的可观察属性比较一下，在地球表面上，每一处都呈现一个从实践上说是平面的外观，但同时，全部这些地方的总和却是封闭的；因此，如果有人始终沿直线前进，最后就会回到他的出发地点。像非欧几何一切其他见解一样，一个封闭的空间是〔210〕可以由视觉图像得到的，虽然这种视觉化要求一些训练，克服由较简单的几何环境所造成的一种条件限制。

　　爱因斯坦的这些见解又由数学家弗里德曼和勒梅特尔作了修正，他们认为这个全部有限空间并不具有一个不变的体积，而是扩展着的。我们不妨把这种扩展比之于一个吹胀的橡皮氢气球的表面的伸展。约 20 亿年前，宇宙空间是相当小的，全部充满着原始气体；但是，从那时候起，它以退离着的银河系的速度所示的速率扩展着。相对论数学家提出这种扩展宇宙的可能，是一件很重要的事实，虽然它并不导致无分歧的答案。爱因斯坦的方程式是数学家称为微分方程的方程，这种方程可以得到各种不同的解。物理学家努力寻找的是与观察结果最相适应的解。目前，天文学资料仍旧太贫瘠，不足以得出确定的解答。

如果我们不再把宇宙起源问题的解答永远留给科学的新发展阶段，把宇宙起源的出发阶段往后回溯，而能够想出一个对每一状态确定一个较前状态，从而控制住无限过去的整个演进过程，那么这就是对这个问题的很令人满意的解答了。扩展宇宙提供了这个可能，因为这样一种相对论方程的解是存在的，宇宙从体积零发展到 20 亿年前那个小体积需要无限的时间。这个解也可以稍加更改，那么无限过去的出发阶段就可以有一个微小的确定体积。对于这个数学公式我们可以加上下列说明：当宇宙还是微小的时候，充斥其中的气体是处在稳定状态中的；要在达到某一体积时起，气〔211〕体才分裂为个别的部分，这些部分由于万有引力而发展为星体。与这个说明结合起来，扩展宇宙的数学公式就可以回答一切合理地提出的问题；由于它只主张一种渐近收敛，它就不会回答说宇宙曾有过数值为零的体积或微小的有限体积；而采用给每一给定状态提出一个较前状态的办法一劳永逸地回答一切"这一状态的原因是什么？"这一形式的问题。这样，宇宙起源问题就像最小数值问题一样得到了回答：扩展宇宙的公式会说，宇宙是没有起源的，但有一个在时间中排列着的，无限个可计算状态的无限序列。这个解释是否与天文学资料相合，还待证实。

爱丁顿发展了一个类似的但又有一些不同的见解。一个微小的封闭宇宙充满着炽热的气体，能够维持一个长时期，因此是一种平衡状态，而不像悬在无限宇宙中的气体球那样。但是，它不是一种稳定的平衡，因为最轻微的搅动就发动一次扩展，这次扩展导致了从天文物理学规律得到解释的120亿年的演进。这个见解所指的不稳定性可以证明为是相对论方程的一种结果。经过演进时期之后，宇宙又达到平衡，但由于热力的衰退，它是死寂的平衡，这意味着这个平衡是稳定的，微小的搅动不能发动任何显著变化了。这个世界图像令人吃惊地与德谟克里特和伊壁鸠鲁的原子理论相似，按照那种理论，原子在空间中以良好秩序运动了一个无限的长时期，后来发生了微小的扰动，通过连锁反应把有秩序的运动变成〔212〕为一团混沌，从中演化出我们的世界的一切复杂结构。伊壁鸠鲁的无原因轻微扰动假设常常为严格决定论者所攻击，看来可以为非决定论物理学所接受。量子力学就会把原始气体视为可以发生受机遇规律所控制的波动，假设机遇须经过一个长时期才产生一种大到足够发动宇宙扩展的波动，这里也并没有困难。放弃决定论就可能设想一个演进的开始，这个开始不是一种创造，而是机遇的产物。而且，这又是一种渐渐形成的开始，因为从偶然波动到扰动的转化是连续的，不能给予一个确定的时间点。

还有一种很不同的解答的可能。对于时间序列的研究导致了这样的结论：时间的方向是从热力学过程的不可逆性推导出来的，因此它是一件统计性的事情（参阅第 10 章）。很有可能，但并不能绝对确定，能量是从较高形式"下降"到均匀温度状态的。因此，宇宙的"下降"是一件统计性的事情，相反过程并不是不可能发生，甚至整个宇宙有时候也"上升"。这句话里的"有时候"这几个字具有一种可疑的意义，因为，如果宇宙"上升"，那么我们称为时间方向的东西将是相反方向，生活在这一段时期中的人类将把这个相反方向视为"形成"方向了。事实上，被波尔兹曼所见到的上述可能恰恰就意味着，对于整个宇宙说来并没有线性时间连续那样的东西，反之，时间被分解为一些互相分离的线路，每一条线路有一个序列次序，可是并没有一种超级时间把那些线路排列起来，每一线路的时间向前后两端都会像沙漠中的河流一样无形消失，而并不终止于一个明确的境界点上。天文学家给予我们的宇宙的时间伸展，回溯 20 亿年和前推 100 亿年，可以是这些时间线路中的一条。这种无头无尾的时间的本性目前还未好好得到研究；但是没有疑问，它提供了时间问题解答的可能形式之一。〔213〕

　　附带地，爱丁顿的世界开端见解必定也关系到这样一种时间分析。如爱丁顿指出，只有演化过程中这一段时期可以在这种见解中被视为占有时间的；这段时间线路以前和以后两段漫长的平衡期不能说是具有时间次序的，因为它们并不是不可逆过程。因此，不论它们被视为有限的或无限的，都没有什么大分别。把它们视为有限的，并询问第一个稳定期之前或第二个稳定期之后是怎样的情况，那就意味着使用一个我们已看出是不能有意义地予以定义的超时间。把宇宙放在一个无限时间程序中描述又似乎没有道理，因为无限时间程序无论如何总是一种数学公式而不是从物理实在得出的有根据的结论。可观察的现象总是能够通过一条从一个无时间状态伸展到另一个无时间状态而没有明显的起始和终结界限的有限时间线路来解释的。

　　这些是宇宙起源问题的一些可能答案。哪一个答案是正确

的,有一天将由科学来判定。封闭而又扩展着的宇宙这个问题仍
旧是有争论的;目前可以为它作证的天文学证据并不是结论性的。
〔214〕要得到解决,还须等待许多观察资料。① 虽然得到解答是那么困
难,但也没有理由用一句独断的"我们永不会知道"的断语来结束
关于进化的讨论。相信那种断语是最后判断的人应该重行考察他
们的问题;他们将会发现,他们所询问的东西并没有意义。向宇宙
的原因是什么,那就是无意义的。一个解释必须从某种事实出发。
科学只能把事实往后推到能提供最大量解释的某一个逻辑地点。

　　从哲学中消除无意义问题是困难的,因为有一种思想类型,专
爱找寻不可回答的问题。那种想证明科学是力量有限的,科学的
最后基础不是知识而是信仰的愿望,可以用心理学和教育来解释,
但不能在逻辑中得到支持。有些科学家,当他们的关于进化的讲
演用一种据说是证据的东西作出结论说还有些问题是科学家所不
能回答的时候,感到得意洋洋。这种人的证言常常被人用来作为
证明科学哲学论据不充分的证据。但是,它只是证明科学训练并
不一定能给科学家装备一条脊梁骨以抗御一种召唤人向信仰投降
的哲学的引诱而已。寻找真理的人绝不可以沉湎在信仰的麻醉品
中来缓和他的迫切要求。科学是它自己的主人,不承认它的范围
以外还有什么权威。

---

　　①　加利福尼亚州帕罗玛山上的新望远镜能够把可观察得到的星体和星云的视域
扩大一倍。如果可以在月球上建立一座望远镜,视域还可以扩大得多。由于没有大
气,我们可以比现在所能够的远一百倍或一千倍地看到宇宙的远处。

# 13. 现代逻辑

〔215〕

符号逻辑的构成已成为科学哲学的显著特点之一。这种逻辑原来本是一小群数学家的密码,后来逐渐地吸引了哲学研究者的注意,现在已成为哲学思想的重要发展阶段。对于符号逻辑的演进,它的存在问题和解决办法作一简短的陈述,想来是可以得到所有那些没有时间对这一新的哲学分支作专门研究的人欢迎的。

逻辑这门科学是希腊人的一个发现。这不是说在希腊人之前没有逻辑思维,逻辑思维是与思维同样古老的;每一成功的思维都是为逻辑规律所控制的。但是,不自觉地在实际思维推演中应用这些规律是一回事,把这些规律明白地表述出来,把它们汇集成理论形式那又是一回事。开始于亚里士多德的就是对逻辑规律的这种有计划探讨。

亚里士多德把他的研究集中在我们今天知道原来是逻辑学中一个很专门的题目上。他表述出了类的推论的规律,即是,涉及类之中的成员的一种推论。所谓“类”,即一切种类的群或总体,例如人类,猫类。苏格拉底是人这件事,对于逻辑说来,是类成员的一〔216〕例:苏格拉底是人类中的一员。涉及类成员的推论,叫做三段论法。例如,我们从“一切人皆有死”、“苏格拉底是人”,推导出“苏格拉底有死”的结论。

初一看,这种形式的推论似乎是不足道的;但是,这样的判断就对亚里士多德不公平了。亚里士多德所发现的是,世界上存在着推论**形式**这样一种东西,它与推论的**内容**是有区别的。上面用关于苏格拉底的推论所例示的前提和结论的关系是不依赖于所涉及的那个特殊的类的。对于其他相当的类和个体，它都一样有效。亚里士多德通过逻辑形式的研究而踏出了导向逻辑科学的有决定性的一步。这样他明白地表述了一些基本的逻辑原理，如同一律和矛盾律等。

但是，亚里士多德所走的只是第一步而已。他的逻辑学只包括思维推演的一些特殊形式而已。在类之外，还有关系呢。一个关系并不具有个别的成员，而是涉及一对一对的成员（或是三个一组的成员，或甚至成员数目更多的集团）；亚伯拉罕是以撒之父这一事实是对亚伯拉罕和以撒都有关的，因此要求"之父"这一关系来表述它。同样地，如果彼得较保尔高，那么"较高"这个关系就在这两个人之间成立。涉及关系的推论不能用类的逻辑来表述。例如，亚里士多德的逻辑无法证明如果亚伯拉罕是以撒之父，那么以撒就是亚伯拉罕之子；他的逻辑不具备表述这种推论形式的手段。

有人可能认为，类的逻辑的发现者要把他的研究推广到关系逻辑是不会太难的，因为他所使用的语言和我们的语言一样复杂巧妙，并拥有表示关系所需的全部语法形式。比外，亚里士多德也知道关系的存在；在他那本论范畴的著作中，他清楚地说明了"较大"那样的关系要求有两个事物，才可以成立。但他并没有把他的推论理论加以推广，使包括关系。也行，这位类的逻辑的作者对于形而上学问题太感兴趣了，所以没有时间把他的逻辑研究工作做完。那么他的门徒之中总该有人能拿起关系逻辑来吧。够奇怪的，没有这种事情发生。亚里士多德似乎从来没有认知他的逻辑是不完备的。他的门徒们增添了一些细节，但本质上没有走出他们的老师的研究范围。在以后若干世纪中情形也没有改善。逻辑史指示出这门科学的一种特殊情况，它有两千年之久一直停留在它的建立者丢下它时那个原始阶段上。

这一历史事实怎样解释呢？与那两千年中数学和科学所取得的进步相比，逻辑史像是知识之园中一个不毛之点。什么原因可以说明这种停滞呢？

逻辑比哲学中任何部门都需要对它的问题进行专门处理。逻辑中的各个问题是不能用形象语言来解决的，而需要数学表述那种精密性；即使对问题的陈述，如没有像数学语言那样技术性的语言的帮助，也常常是不可能的。给逻辑的技术性语言创造了一个开端（中世纪对这一开端只作少数一些不重要的增补），那是亚里士多德和他的学派的功绩。但是，在那两千年中，这就是这方面所做的一切了。当大数学家们给他们的科学提供了有高度效能的技〔218〕术时，逻辑技术还是被人所忽略的；事实上，传统逻辑所呈示的是这一门科学的贫乏的一面，在这方面从来没有伟大人物对之作过研究。看起来，天生的抽象思维大师们总是不为逻辑所吸引，而是为数理科学所吸引；数理科学提供他们较大的成功可能。甚至对于亚里士多德那个时候，也可以这样说；毕达哥拉斯、欧几里德那样的人在数学的结构中所进行的逻辑分析，远远地超过了亚里士多德逻辑中所取得的分析成就。没有数学思想的帮助，逻辑就无法摆脱停留在幼稚阶段的厄运。康德虽然未能创造一种较好的逻辑，但当他对于逻辑是唯一一种自从开始以来就一直没有过任何进步的科学这一事实表示了他的惊讶时，他对情况的判断是正确的。

　　把兴趣转向逻辑的第一个大数学家是莱布尼茨。他所得的结论是革命性的,后来他开始从事设计一种符号标记法的计划,这件事他如果使用了像他发明微分学那样的精力和天才来从事,那一定会使符号逻辑的发展早150年。但可惜他的工作终于还是零碎的,并且不为当时人所知道;十九世纪的著作家们得从他的书信和未发表稿件中来收集他的这方面工作。逻辑史的转折点是十九世纪中叶,布尔和德莫根那样的数学家着手用一种类乎数学标记法的符号语言来阐述逻辑原理的时候。符号逻辑的建立为G.皮亚诺、C.S.皮尔斯、E.石罗德、G.弗莱格、B.罗素那样的人们继续下去,随着这些人的出现,一种新型的哲学家,即数理逻辑家,踏上了历史舞台。

〔219〕　　像空间和时间的哲学一样,新逻辑不是从传统哲学中成长,而是从数学的土地上成长起来的。这个领域,被数学思想忽视了那么长久之后,结果被发现具有可能进行类似数学技术的技术处理。符号逻辑的建立,是十九世纪对于哲学的另一个贡献。如果十九世纪在思想史中的地位得到像上面所描述的那样看待,这样一种发展就将显得是自然的。在一切科学部门得到那样成功的创造一种可以付诸实用的技术的企图是转移到逻辑领域中来了。同时,逻辑技术充当了研究知识基础的工具;对于知识基础的探讨则又表现为科学思想的复杂化和精细化的自然结果。于是,知识之园中这一小片不毛之地开始为高度发展的数学技术所翻耕了。

　　符号标记法的使用为什么对逻辑科学具有那么大的重要性呢?它差不多具有与一种良好的数学标记法同样的意义。假设有人问你:"如果彼得比现在小五岁,那么他的岁数比保尔六年前的年龄大一倍;如果彼得比现在大九岁,那么他的岁数为保尔的年龄减四岁的三倍。"试在脑子里用加法和减法并考虑这些"如果"来解答这个算题,你马上就会像乘坐旋转木马那样头昏目眩起来。然后你拿起笔和纸,把彼得年龄称做 $x$,把保尔的年龄称做 $y$,列出总的方程式来,用你在中学里学会的方法把这些方程式解答出来——这时你就会知道标记技术的好处了。在逻辑中有与此类似的问题。"克列奥帕特拉生活在 1938 年,而且并未与希特勒亦未[220]与墨索里尼结婚,这当然不是事实。"这一个句组意味着什么呢?数学逻辑家会告诉你怎样用符号把它写出来,然后用类似于你学过的用 $x$ 和 $y$ 来演算的办法进行演算,把这句话进行变换,最后他会告诉你,这个句子的意义为:"如果克列奥帕特拉活在 1938 年,她会跟希特勒或墨索里尼结婚的。"我并不想说这句解答出来的话有什么重大的政治意义;这个例子只不过说明了符号技术的用处。把符号标记法用来解答有较重大意义的问题这件事,不能在这里说明,但明显的,符号标记法如用于表述科学中的技术问题,它也是很有用的。

符号标记法不只是解答问题用的工具,而也可以澄清意思,并增强逻辑思维的功能。我有一个学生,他的头脑因一次汽车事故而受了微伤,他诉苦说,他对于理解复杂的句子的意思有困难。我给了他一些上述形式的练习题,他就用符号标记法来演算,过了一两个星期之后,他告诉我,他的思考力已大大改善了。

此外,符号逻辑在语言的语法分析中有重要用处。我们在学校里学到的语法是从亚里士多德逻辑中发展出来的,因此完全不适用于描述语言结构。亚里士多德未能进而研究关系逻辑这个欠缺，使语法学家们认为每一句子必须有一个主词和一个谓语，这种解释对于许多句子都是不适用的。不错，"彼得是高大的"这个句子有主词"彼得"和谓语"高大的"。但是，"彼得比保尔高"这个句〔221〕子却有两个主词，即"彼得"和"保尔"，因为谓语"比……高"是一种关系。由于遵奉亚里士多德逻辑而造成的对语言结构的误解，严重地损害了语言科学。

逻辑家和语言学家的合作提供了一些新的前景。例如，形容词、副词、动词的语态、语气、时式，以及语言中许多其他事项的性质，经过逻辑家的眼睛的考察而看出了一些新的东西。不同语言的比较研究在根据逻辑符号语言这种中性参考系进行时，也提供了一些新的前途；逻辑符号语言使我们能够判断各个个别语言中语句的各种不同意义。

到此为止我说的是符号标记法的实际用处。但是一种优良的标记法也有理论用处；它使逻辑家能够发现并解决以前不能看到的种种问题。

符号逻辑的建立使我们可能从一个新角度来探讨逻辑和数学的关系。我们为什么要有两门科学来研究思维的产物呢？这个问题是 B.罗素和 A.N.怀德海开始探讨的，他们所得的答案是：数学和逻辑归根结底是同一个东西，数学只是逻辑的一个分支，由于专门处理数量方面的应用而发展出来的。这个结论在一本几乎全部用逻辑符号标记法写成的长篇著作中阐述出来。证明中的决定性环节是罗素的数的定义。罗素证明出，整数，即 1, 2, 3 等等数目，可以单用逻辑基本概念来予以定义。显然，如果没有符号标记

法之助,这种证明是永远不能得到的;文字语言是太混乱了,它不能表达具有如此复杂程度的逻辑关系。〔222〕

罗素把数学归结为逻辑,从而完成了以几何学的发现为开始,我前面描写成为综合先天判断的解体的一次演进。康德不仅相信几何学是具有综合先天性质的,并相信算术也是综合先天性质的。罗素证明算术的基础是从纯粹逻辑中推演出来的,从而证明了数学必然性是分析性质的。在数学中,没有综合先天的东西。

但是,如果逻辑是分析的,那么它就是空洞的;即是说,它并不表述物理客体的属性。唯理论哲学家们曾经三番两次地试图把逻辑视为一种描述世界的某些普遍属性的科学,视为关于存在的科学,即**本体论**。他们相信,像"世界上每一件事物与其本身是同一的"这类原理能告诉我们事物的属性。他们忽视了,这个句子所提供的全部知识都包含在说明"同一的"这个词的用法的定义之中,我们从这个句子中所获知的并非事物的一个属性,而是一条语言规则。逻辑所表述的是语言的规则——这就是逻辑所以是分析的和空洞的原因。

我想更明确地说明一下逻辑的分析性质,逻辑之被称为空洞的理由。逻辑把一些句子这样地联结起来,使终结的句组之真不依赖于个别句子的是否为真。例如,"如果拿破仑或恺撒都未活到六十岁,那么拿破仑未活到六十岁"这个句组是真的,不论拿破仑或恺撒是否真的在六十岁以前死去;因此,这个句组并不告诉我们所谈到的人所活到的年岁。这就是我们称之为空洞的所在。而另一方面,这个例子说明了为什么逻辑关系之必然为真的:它们之所〔223〕以为真,是由于任何经验观察不能使之为伪,如果有人查一查参考书,查出拿破仑死于五十四岁,这个结果不会证明这个句组为伪;如果查出拿破仑死于六十五岁,这种结果也不能证明它为伪。逻辑必然性和空洞性是相伴随的,这二者合起来构成了逻辑的分析性质或重言性质。一切纯粹逻辑陈述都是重言式,像前面例子一样;它们不说什么,它们告诉我们的就像"明天将下雨或不下雨"那样的重言式所告诉我的一样多,或一样少。然而,发现一个句组的分析性质并不总是那样容易的。请考虑一下这样一个句组看:"如果任何两个人或者互相友爱、或者互相憎恨,那么或者有一个人爱一切人、或者对每一个人都存在着一个他所憎恨的人。"逻辑证明这个句组是分析的;但其分析性质是绝非显然的。

　　罗素把数学认为是分析的见解引起许多人的注意,有一些数学家很不喜欢把他们的学科作这种解释,说数学定理像逻辑原理一样空洞。这种判断显示出对于逻辑的本性的一种误解。把数学思维称为分析的,并非是轻视数学思维。数学思维的用处正是从它的分析性质中导出的;正因为数学定理是空洞的,它们也就是绝对可靠的,因此可以允许把它们应用到自然科学中去。使用数学永不会使科学结论为伪,因为数学不会把任何未被承认的隐藏内容带进一门科学里去。然而,说数学关系是空洞的并不意味着它们是容易发现的。前面已说过,发现空的关系可能是一件极难的工作,因在数学中的劳动和智巧的总量之大,就是数学研究的深远意义的证据。

　　符号逻辑广泛地被用来研究一个在十九世纪建立起来的新的数学分支:集论。"集"这个字与前面谈到亚里士多德逻辑时说过的"类"那个字意义相同。但是,十九世纪数学家所发展的类的理论与亚里士多德逻辑的类演算是多么不同啊！在今天这个与亚里士多德时代已不同到就如铁路与牛车之间那样不同的时代里,亚里士多德古典逻辑仍旧充斥在通常的逻辑教科书里,真是不可解的。

但是,符号逻辑并不总是能使逻辑家获得成功的。它有时也导致困难,这些困难为罗素所发现,在类理论的二律背反中表述出来。举一个例子也许可以把问题说明一下。

当我们考察一种属性时,我们可以问,这种属性自己有没有同样这种属性。通常说来,是没有的。如属性"红"是不红的。另外一些属性情形就不同了;例如,属性"可想象的"也是可想象的,属性"被决定的"是被决定的,属性"古老"是古老的,因为它一定在史前时期已存在了。让我们用"可表述其属性的"这个名称来称呼第二类属性;另一类则叫做"不可表述其属性的"。我们在这里就有了一个穷尽的分类;每一种属性必须或者可表述其属性的或者是不可表述其属性的。那么,我们必须把属性"不可表述其属性的"归入哪一类呢?

假设"不可表述其属性的"是可表述其属性的;那么它像"可想象的"一样具有它所代表的属性,于是"不可表述其属性的"是不可表述其属性的。现在再假设"不可表述其属性的"是不可表述其属性的。我们的假设所陈述的是:"不可表述其属性的"具有它所代〔225〕表的属性,因此"不可表述其属性的"是可表述其属性的。不论我们把属性"不可表述其属性的"归入哪一类,都会陷入矛盾。

这类二律背反构成一个严重问题。如果逻辑是绝对可信赖的,我们必须得到一个保证,它永远不会导致矛盾。有趣的事实是,就是古代逻辑家也构造过一些二律背反,如芝诺的悖论就是。然而,这些悖论的大部分都在现代类理论里对"无限"这个概念作较仔细的考察而被消除了。罗素的二律背反则要求一种更为彻底的订正。它指出,并非每一词组都可以被承认为有意义的陈述,有些词组虽然具有句子的形式,也必须视为无意义的。例如,"属性'被决定的'是被决定的"这个句子,初看之下虽然很有道理,但必须从有意义句子的领域内钩消。语言的这些限制由罗素在他的形式理论里作了表述。属性的属性与事物的属性相比,是属于较高形式的。这一区分使二律背反不可能形成,从而把逻辑从矛盾中救了出来。

我们是否可以确定逻辑家再也不会发现其他种类的二律背反了呢?我们是否已获得逻辑已摆脱矛盾的保证了呢?这个问题牵涉到德国数学家 D.希尔伯特,当代大数学家之一。他开始了一系列研究,其目的是建立逻辑与数学是没有矛盾的证明。他的工作为其他一些人所继续做下去;但是迄今得出的证明只限于有关较简单的逻辑体系的。把证明引申到现代数学家所使用的复杂数学体系,就发生了困难;希尔伯特想求取无矛盾的证明的计划是否能贯彻到底,仍旧还是未解决的问题。答案将是怎样的一个呢?这是现代逻辑未决问题之一。有这种问题存在这件事可以证明,现代逻辑还待深入研究;还待进行大量传统逻辑所从未预想到的一类分析。

对于二律背反的研究和形式理论已产生了一种具有巨大重要性的区分:语言和元语言之间的区分。(元语言——metalangnage 一词中的"meta"来源于希腊文,意为"超出……之外"。)通常的语言所说的是事物,元语言所说的是语言;因此,当我们在建立一种语言理论时,我们说的话是元语言。一种常用的表示过渡到元语言去的手段是使用引号;当我们说到"彼得"这个词的时候,我们把它加上引号,表示我说的不是那个人。例如,"彼得"是由两个字组成的,彼得在玩棒球。如果这两种语言被混淆了,那么就可以构成某些二律背反;因此,把语言的等次区分开就成了逻辑的必须先决条件。"我现在说是真的事情其实是假的"这个句子导致了矛盾,因为如果是真的,那就是假的;如果是假的,那就是真的。这种句子必须视作为无意义的,因为它所说的是它本身,并且破坏了语言等次的区分。

元语言的研究导致一般的记号理论,通常叫做**语义学**或**符号学**这种理论研究的是一切语言表达形式的属性。所谓一切语言表达形式包括交通标志或像人造语言那样用作为向别人传达意义的[227]图画等记号。各种不同语言形式,如诗歌或演说家的语言的带有高度感情色彩的标记法,则借助于现代心理学在记号理论中被研究。逻辑只解释语言的认识用途;语言的工具用途的研究则需要另一种学科,即语义学。这样,现代逻辑的兴起产生了另一门学科,这门学科所研究的是在逻辑分析中被忽略,并且必须被忽略的那些语言属性。

符号逻辑除供数学使用之外,也对其他科学具有意义。当物理学家发现量子力学导致某些无从证实真假的陈述时(见第11章),就可以把这种陈述放入一种三值逻辑的体系里,那种逻辑假定着在真与假的二值之间有一个**非决定的**范畴。这种逻辑的结构早在任何人想到逻辑可应用于物理学之前就已有人用符号逻辑方法加以发展了。同样地，**多值逻辑**的其他形式也已得到了发展。其中之一用于解释概率陈述，用变化于从 0 到 1 之间的连续概率级差来代替真假两值。

此外，符号逻辑已被应用于生物学分析，对于社会科学的研究看来也是有帮助的。它甚至可以用于转写逻辑问题，而把它们输入电子计算机；这种现代机器人有一天很可能会解答人脑所难于解答的逻辑问题，一如它已经能解答一些数学问题那样。莱布尼茨发表过这样的意见：符号逻辑如果充分发展，一切科学论争都可以消灭；科学家将不再互相争论，而会说"让我们算一算吧"。现代逻辑家可并不是这样的乐观者。我们今天的逻辑家知道机器的演算只限于演绎逻辑，因而它的成就是依赖于操作它的人输入到里面去的前提的性质，所以，如果至少**有一些**论争可以用这个办法来解决，他就大为满意了。

逻辑是哲学的技术部分；正由于此，它是哲学家所不可或缺的。旧式哲学家害怕技术的精密性，总喜欢把符号逻辑排除在哲学范域以外，而把它让给数学家。他没有得到多少成功。较年轻的一代在初等逻辑课里刚一学到符号标记法就知道了这种逻辑新形式的价值，而坚持要加以应用。像每一种标记技术一样，对于学习者，符号逻辑在最初是显得不便的、易于混淆的；要在经过相当训练之后，这种新技术才会被人认清是一种使逻辑理解简易、使观念清澈的工具。我在讲授符号逻辑中曾有过一些这样的经验：在开始时大多数学生都怕符号标记法，都不喜欢它；但约在两个星期的实践之后，情况就变了，班上传播开了一种惊人的对于符号的热情。只有少数几个学生始终不能充分理解，一直不喜欢符号。

这似乎是符号逻辑的命运：或者是被憎恶、或者是受到热烈欢迎。那些无法达到第二阶段的人可以在科学哲学以外的其他领域里获得较多成就，在比较不那样抽象地应用人类思维力的学科上获致成功。

# 14. 预言性的知识 〔229〕

前面一章里所论述的符号逻辑，是一种演绎逻辑；它只涉及以逻辑必然性为特性的思维演算。经验科学虽然广泛地使用演绎演算，但在这以外也要求另一种逻辑，这种逻辑由于使用归纳演算，故称为归纳逻辑。

归纳推论与演绎推论不同之点在于它不是空洞的，它导致的结论不包含在前提之中。"一切乌鸦都是黑的"这个结论并不逻辑地包含在"迄今所见一切乌鸦都是黑的"这一前提里；在前提为真的情况下，结论可能是假的。归纳法是这样一种科学方法的工具，它旨在发现某种新东西，某种超出以前观察的总结之外的东西；归纳推论是预言性知识的工具。

清楚地看出归纳推论为科学方法所不可或缺的是培根，他在哲学史中的地位是一个归纳法预言者的地位（第5章）。但培根也看出归纳推论的弱点，即在这种方法里缺乏必然性，有导致假结论的可能。他对改善归纳法的努力并不是很成功的；结构较复杂的一些归纳推论，如科学家在**假说—演绎方法**中所使用的（第6章）〔230〕远较培根的简单归纳法为优越。但这个方法也不能提供逻辑必然性；它的结论可能为假，演绎逻辑的那种可靠性是预言性知识所不可达致的。

假设—演绎方法，或**解释归纳法**，曾受到哲学学和科学家们很多的讨论，但它的逻辑性质却常常被误解。由于从理论到观察事实的推论常常为数学方法所实现，有些哲学家就以为，理论的建立可以通过演绎逻辑得到解释。这一见解是不能成立的，因为理论之被接受，并非以从理论到事实的推论为基础，而是相反，是以从事实到理论的推论为基础的；这个推论不是演绎的，而是归纳的。所给予的是观察材料，观察材料构成确立的知识，理论则是通过确立的知识被证为有效的。

此外，这种归纳推论的实际完成的途径曾把某些哲学家引导到又一种误解上去。发现一种理论的科学家常常是由猜测引导到他的发现上去的；他不能说出他是采用什么方法发现他的理论的，而只能说他认为这种理论是对的，说他的猜想是对的，或是说他直觉地看出这个假设会合乎事实。有些哲学家误解了这种关于发现的心理描写，误以为它证明了从事实引导到理论不存在逻辑关系；于是他们认为，假设—演绎方法是不可能得到逻辑解释的。对于他们，归纳推论是不可作逻辑分析的猜测。这些哲学家没有看到通过猜测而发现他的理论的科学家要到他看见他的猜测为事实所证明之后才把他的发现呈示给别人。科学家是在这种证明要求中完成一次归纳推论的。因为他想说的不只是事实可从他的理论中推导出来，而还想说，事实使他的理论有可能成立并促使他的理论预言以后的观察事实。归纳推论并非用来发现理论，而是通过观察事实来证明理论为正确的。

把假设—演绎方法神秘地解释为一种非理性的猜测，这是由

〔231〕

于把**发现的前后关系**和**证明的前后关系**混为一谈而产生的。对于发现的行为是无法进行逻辑分析的；可以据以建造一架"发现机器"，并能使这架机器取天才的创造功能而代之的逻辑规则是没有的。但是，解释科学发现也并非逻辑家的任务；他所能做的只是分析所与事实与显示给他的理论（据说这理论可以解释这些事实）之间的关系。换言之，逻辑所涉及的只是证明的前后关系。而通过观察事实证明一个理论的正确则是归纳理论的主题。

归纳推论的研究属于概率理论范围内，因为可观察的事实只能使一个理论具有概率的正确性，而永远不能使一个理论绝对确定。即使在归纳结果这样地纳入概率理论中，已为人承认的时候，新的误解形式还会发生。概率推论的逻辑结构在通过事实而确证理论的过程中，是不容易看出的。有些逻辑家相信，他们应该把确证解释成为演绎推论的逆转；这就是说，我们如果能够演绎地从理论推导出事实来，那我们就能归纳地从事实推导出理论。然而，这〔232〕个解释是过于简单化了。为了要进行归纳推论，还有许多东西需要知道，而不只是从理论到事实的演绎关系。

一次简单的考虑就可以弄明白，确证推论具有一种更复杂的结构。一组观察到的事实总是不只适应于一种理论的；换言之，从这些事实可以推导出几种理论来。归纳推论常常对这些理论的每一种各给予一定程度的概率，概率最大的理论就被接受。为了要对这些理论作出轻重不同的区别，显然更多的东西必须知道，而不只对于这些理论中每一种都有效的对事实的演绎关系。

如果我们想要理解确证推论的本性，我们就得研究概率理论。数学的这个分支已发展出了统括**间接证明**这个普遍问题的一些方法,证明科学理论是否有效的推论只是间接证明中的一种特殊情况。为了说明这个普遍问题,我想提一提一个侦探在寻找罪犯时所作的推论。有些资料是给予了的,像血污的手绢,一把凿子,一个富孀的失踪;对于究竟发生了什么,可以作出若干不同的推测。侦探试图确定最有可能的推测。他的考虑是按照公认的概率规则进行的;他使用了一切事实线索,他对于人类心理的全部知识,努力于获致结论。这些结论又由特地为了这个目的而设计的新的观察所检验。每一次检验,根据新的材料,在增加或减少这个推测的概率;但这个作出的推测永远不能视为是绝对确定的。试图把这个侦探的推论进程重行建立起来的逻辑家则可以发现概率运算中[233]的一切必要的逻辑要素。即使他不具备精确概率演算所需的统计资料,他至少也可以就定性的意义上来运用一些计算公式。如果所给予的资料只允许粗略的概率估计,当然,在数字上精确的结果是不能获致的。

对于科学理论的概率的讨论,也可以作同样的考虑;科学理论也是从对观察到的材料所得出的若干可能的解释中进行选取的。这种选取是通过对于全部知识的使用而完成的,因为在全部知识的面前就会有某些解释显得比其余的解释更为可能。因此,最后的概率是若干概率结合的产物。概率计算提供了一个这种合适的公式,即**贝耶斯规则**,这个公式可用于统计问题,也可用于侦探的推论,或确证推论。

由于这些理由,归纳逻辑的研究导致概率理论。归纳的结论被它的前提作成为概率的,而不是确定的;归纳推论必须被理解为概率计算范围中的一种演算。与使因果规律转化为概率规律的发展相结合,上述考虑将使人明白,为什么概率分析对于理解现代科学是这样一种具有头等重要意义的东西。概率理论提供了预言性知识的工具,也提供了自然规律的形式;它的主题就是科学方法的神经系统。

人们会倾向于相信,概率理论一直是经验论的一个部分;但是,概率论的历史证明,事情并非如此。近代唯理论者看到概率观〔234〕念之不可或缺,曾企图建立一个唯理论的概率理论。莱布尼茨的以测量真理程度的量值逻辑为形式的概率逻辑计划显然并不是要想对概率问题提供一个经验论的解答。手上掌握了符号逻辑手段的逻辑家们接受了挑战。布尔的概率逻辑大概可以划在唯理论方面;当然,凯因斯的概率符号理论是属于这一边的,它的企图是把概率解释为理性信仰的一种计量。这些想法为当代一些不愿意被人划入唯理论者之列的逻辑家所继续,但他们的工作却在事实上把他们划入了这个集团,至少就他们对于概率的解释上而论。

对于唯理论者来说,一种概率度也就是缺乏**理由**的情况下**理性**的产物。如果我抛掷一个硬币,将是正面朝上还是反面朝上呢?除了这一点之外我什么都不知道,我也没有理由在这二者之中对某一者抱较多的信心;因此,我把这两个可能视为具有相等的概率,并对每一可能给予半个概率。缺乏理由被解释为假定概率相等的理由;这样的说法是唯理论者解释概率的原则。这种原则被人叫做**无差别**原则或**无相反理由**原则,被唯理论者认为是逻辑的公设。唯理论者认为它像逻辑原则一样是自明的。

对于概率的这种解释,困难在于它放弃了逻辑的分析性质,并引入了一种综合先天真理。一个概率陈述是并不空洞的;当我们

〔235〕抛掷一个硬币,说正面朝上的概率是一半时,我们所说的是关于未来事件的一些东西。我们所说的也许不易表述;但是,这里一定有一些涉及未来的东西包含在这个陈述中,因为我们要用它来作为行动的指导。例如,我们认为可以对正面朝上打一个五十对五十的赌,但不劝人作期待更高的赌博。事实上,我们是因为概率陈述涉及未来事件所以使用概率陈述的;每一个计划行为都要求对未来有一些知识,如果我们不具备完全确定的知识,我们就愿意使用概率知识来代替它。

无差别原则把唯理论引导到一切从哲学史知道的通常困难中去。自然为什么要遵从理性呢?为什么如果我们对各种事件所知道的是同等地多或同等地少,那么各种事件就一定具有同等的概率?难道自然是与人类的无知相适应的吗?这一类问题无法给予实证的回答——否则哲学家就得相信理性与自然之间有一种和谐,那即是,相信综合先天真理是存在的了。

有些哲学家曾经企图给无差别原则构造一个分析的解释。按这种解释,说概率为一半的陈述并不意味任何关于未来的东西,而只是表示我关于某事之发生并不比关于相反事件之发生具有更多知识。在这个解释里,概率陈述当然易于被证明为正确的,但它失去了行动的指导这一性质。换言之:从相等的无知转移为相等的概率,这样确乎是分析的了,但综合的转移则仍待解释。如果相等的概率意味着相等的无知,那么为什么我们应把相等的概率视为能证明五十对五十的打赌是正当的呢?在这个问题里,对无差别原则所作的分析的解释所要回避的问题重又回来了。

〔236〕唯理论对于概率的解释必须被视为是思辨哲学的残余,在科

学哲学里是没有位置的。科学哲学家坚持要把概率理论包含在不必乞援于综合先天真理的一种哲学里。

经验论的概率哲学是以**频率解释**为基础的。概率陈述所表达的是重复事件的相对频率，即是，作为总量的一个百分数而计算的频率。概率陈述一方面是从在过去中观察到的频率中推导出来的，另一方面并包括着同样频率在未来之中将近似地发生这个假设。它们是通过归纳推论的手段而建成的。如果我们把抛掷硬币时正面朝上的概率视为是一半，我们所意味的就是，在反复地抛掷硬币的情况下，正面朝上的场合将为 50%。在这个解释中，打赌的规则是很容易作出解释的；说 50 对 50 是抛掷硬币的公平赌法，所意味的是，使用这个规则之下，在长久赌下去的场合下，双方可以得到同等的赌胜机会。这种解释的优点是显明的；我们必须研究的是它的困难。事实上确有两个本质性的困难产生在频率解释中。

第一个困难是归纳推论的使用。不错，对于频率解释来说，概率程度是一个经验问题而不是理性问题。如果我们未曾观察到，在抛掷硬币时我们最后获得的正反两面朝上的频率是相等的，我们不会说相等概率这句话的；无差别原则只是对于经验中所获致知识的唯理论误解。这一误解使人想起一些类似的唯理论谬误，例如对几何学和因果性原则的先天论解释，这些东西现代科学同样都揭示出是经验的产物了。但是，认为类同事件的频数发生具[237]有数值的规律性这一种确认，是只能使用归纳推论来建立的，并且似乎含有一种不能从经验中推导出来的原则。在经验论哲学和归纳问题的解决之间是休谟对于归纳推论的批判，这种批判指出归纳既非先天的,亦非后天的(第5章)。

　　频率解释的第二个困难所涉及的是概率陈述是否适用于单个事件。我的一个亲属害了重病,我问医生,病人能活下云的概率有多大。医生答道,这种病的病人的存活率是75％。这个频率陈述对我有什么帮助呢? 它对于医生可能是有用的,因为他有许多求治者;它可以告诉他,那些病人有多少可以救活。但我所关心的只是这一个特殊的人,想要知道他能活下去的概率多大。当一个单独事件的概率采用频率方式来陈述时,似乎是没有意义的。

　　我要对这两种反驳逐一回答,先谈第二个。不错,我们常常给予一个单独事件一个概率。但是,这并不意味着我们通常用来与我们的话联系起来的意义是一种正确的解释。考虑一下前面所作的对于下面一个蕴涵式的意义的讨论(第10章)。"如果电流通过电线,磁针就会偏转。"我们相信,**如果——那么**关系对于这一特殊事件具有意义,因为电流必然地造成磁针的偏转 。逻辑分析给我们指出,这种解释是错误的,蕴涵式的必然性只是从它的普遍性中推导出来的,我们说两个事件的必然关系时所意味的一切只是如果一个事件发生那么另一事件亦必发生这个事实。在一个个别例子中,我们忘记了这个分析,而相信我们能够单独对这一例子说出一个蕴涵式来。要排除这种解释,不是容易的事。"如果我转动这个龙头,水就会流出来。"看起来是多末明白,我们说的只是个别例子而不是其他,转动这个龙头就会使水流出来。当逻辑家给我们解释,在这个陈述里包含着关于普遍性的东西,我们说的是世界上一切龙头,那我们也仍是不大愿意相信他的——然而,如果我们的话必须有一点可证实的意义,我们就不得不接受他的解释。

对于概率陈述的解释是属于同一类的。我们相信，说某先生能活下去的概率是 75％，是有意义的；然而，这句话所表示的一切只是指害同样疾病的一群人。我们很愿意对于个别情况知道些什么。但是，某先生或是将活下去或是不活下去——给个别事件以一个概率度是没有意义的，因为一个事件不能用概率度来计量。假设某先生病好活下去了，这个事实是否能证实 75％ 概率的预言呢？显然不能，因为一个频率是既与事件的发生相容，亦与事件的不发生相容的。如果我们考虑的是大量事件，75 这个百分数是可以通过观察而表示出来的，因此也是可以验证的。但一个个别事件不能适用于一种程度。关于一个单独事件的概率的陈述是无意义的。

然而，这种陈述在作过这样的逻辑分析之后也仍旧并不像可以令人感到的那样不合理。如果日常经验给我们提供许多同样事件，给予有关单独事件的概率陈述以一种意义也可以是一种良好〔239〕的行为。相信他如果转动龙头，水一定会流出来的人，就他的信心会导致他对这种事件的全部作出正确陈述来而论，他已养成了一种良好习惯。同样地，相信 75％ 的概率可应用于单独情况的人也养成了一种良好习惯，因为他的信心将导致他说，在大量的同样情况中，其中 75％ 将达到所期待的那个结果。这样的考虑甚至适用于我们日常经验并未提供我们许多同样事件，而只提供许多种别不同、概率程度不同的事件时。我们今天也许遇到一个存活率为 75％ 的病例，明天可能遇到 95％ 概率的好天气预报，后天也许遇到有关股票市场情况的 60％ 概率的预测——我们如果在所有这些情况中假设概率较大的事件会发生，我们就会在大多数情况中是正确的。日常生活中的许多事件构成着一个系列,这个系列虽然是多么非同质的,但可以适用于概率的频率解释。说概率对于单独事件亦具有意义,是无害的、甚而是有益的习惯,因为它引导人对于未来作出正确估价,只要这种语言被翻译成为一个关于一系列事件的陈述。

这种语言习惯并不一定使逻辑家苦恼,他有办法在逻辑中给这种习惯安排一个地位。他可以把这种形式的表达方式视为具有虚构意义,代表着一种省略的说话方式,它具有显然的本身生命,但它只因为能被翻译为另一类陈述才是有意义的。逻辑家允许数学家说两条平行线相交于无限距离的一点上,正因为他知道这个陈述所意味的一切只是两平行线不能在有限距离中相交。逻辑家同样地也将允许人对一个单独情况说出一个必然蕴涵式,或对一个单独情况说出一个概率来,并把这类说话方式视为代表着一种虚构意义。用专门术语来说就是,他说的是从普遍情况到特殊情况的**意义转移**。语言习惯只要是有用的,逻辑家就能给它们以解释。

区别不发生于日常生活的语言中,而发生在我们说到这种陈述的意义时。这些区别关涉到哲学。看到概率陈述所指的是一个频率的逻辑家对于概率陈述获致了一种特殊的评价,即把概率陈述与其他陈述区别开的评价。我要对这个区别更仔细地解释一下。

设有人掷一个骰子,要你预测是否是"六"。你多半不会预测是"六"的。为什么呢?你并不确定地知道,但"非六"与"六"比较起来,有较大的概率,即 $5/6$。你不能说你的预测必定对;但作这样的预测而不作与此相反的预测对你有利,因为在大多数情况下你都将是对的。

这样一种陈述,我称之为**假定**。一个假定是一个我们虽然不知道是否为真、但作为是真的对待的陈述。我们设法使我们的假定将尽可能为真而选定我们的假定。概率度提出了假定的**评价**:它告诉我们这个假定有多大价值。这是概率的唯一功用。如果我们在 $5/6$ 评价的假定和 $2/3$ 评价的假定间进行选择,我们就会选择前者,因为前者为真的可能较多。我们看到,概率度对于个别陈述[241]的真假无涉,但是它具有建议我们怎样去选择假定的功能。

假定方法适用于一切种类的概率陈述。如果我们听说明天下雨的概率是 80%,我们就假定明天会下雨,并据此而行动;例如,我们对园艺匠说他明天不必来给我们的花园浇水了。如果我们得到消息,股票市场也许会跌价,我们就卖出我们的股票。如果医生告诉我们,吸烟可能会缩短我们的寿命,我们就停止吸烟。如果我们听说,申请某一职位也许可以获得薪水较高的职务,我们就去申请。虽然所有这些关于将会发生的事情的陈述都只是被看作是或然的,但我们却当它们为真,并据此而行动;那即是说,我们是把它们当作假定的。

假定这个概念是理解预言性知识的关键。一个关于未来的陈述不能自称是真的而被说出;我们总可以想象会有相反的情况发生,我们得不到未来的经验把今天是想象的东西变为实在的东西给予我们的保证。使每一个对知识的唯理论解释倾覆的礁石就是这个事实。未来经验的预言只能以试探的意义说出来;我们考虑到它可能是假的,如果预言结果证明为假的,我就立刻另作试探。

试探和错误的方法是唯一的预言工具。一个预言性的陈述是一个假定；我们不知道它是否为真，而只知道它的评价，这个评价是由它的概率来计量的。

把预言性陈述解释为假定，解决了经验论知识见解中所遗留〔242〕下来的最后问题：归纳法问题。经验论在休谟对归纳法批判下垮了台，这是因为它还没有摆脱一个根本唯理论的公设，即一切知识必可证明为真的公设。由于这个见解，归纳法就不可证明为正确的；因为没有证据可以证明它必定导致真的结论。如果把预言性结论视为假定，情形就不同了。在这样的解释之下，就不再需要证明它为真的证据，可以要求的一切只是证明它是一个好的假定，或者竟是可以得到的最好的假定，就行了。这样一个证据是可以给予的，这样，归纳法问题也就得到解决了。

这个证据还需要再作一些深入的探讨；不能简单地证明归纳法结论具有一个高度的概率就算是得到证据了。它要求对概率方法进行分析，并必须以本身不依赖于概率方法的考虑为根据。归纳法的证明必须得之于概率理论之外，因为概率理论是以归纳法的使用为前提的。这条准则的意义我们马上就要予以说明。

这个证据是以一次数学探究为前驱的。概率计算曾经被建立在可与欧几里德几何学相比的公理体系形式中；这个建立表示出，如果概率的频率解释被接受的话，全部概率公理都是纯粹数学的定理，因此都是分析陈述。有一个非分析原则交织进去的唯一地点是通过归纳推论的办法确认一个概率度。我们给一系列观察到的事件找到某种相对频率，并假设有同样的频率将近似地存在于这个系列的以后继续中——这是概率计算的应用所根据的唯一的综合原则。

这个结论是有极大意义的。归纳法的多种形式，包括假设—[243]演绎方法在内，都可以用演绎方法来表达，演绎方法之外唯一的增添是列举归纳。公理方法提供了证据，证明一切归纳形式都可化为列举归纳：我们今日的数学家证明了休谟认为理所当然的东西。

这个结论也许像是惊人的，因为建立解释性假设方法或间接证明方法，似乎与简单的列举归纳有那么大的区别。但是，由于可能把一切间接证明形式都解释成为包括在概率的数学计算之内的推论，这些推论就被包括在公理研究的结论中，由于演绎法的力量，公理体系控制着最遥远的概率推论的应用，如工程师用无线电波控制着远处的炮弹；就是侦探或科学家所使用的复杂的推论结构也可以用公理来说明。这些结构之所以高出于一次简单的列举归纳，是因为它们包含着那么许多演绎逻辑——但它们的归纳内容则可以完全被描述为列举式归纳法的网络。

我想用例子说明一下，列举归纳怎么能结合成为一个网络。有许多世纪，欧洲人只知道有白天鹅，他们推论出世界上所有的天鹅都是白的。有一天，在澳洲发现了黑天鹅；于是证明了这个归纳推论导致了一个假的结论。这个错误是否可以避免呢？事实上，其他鸟类在它们的个体之间都有许多不同颜色的差别变化；所以，逻辑家应该根据下列论证，即：如果其他物种的个体之间有颜色的不同，天鹅之间也可以有颜色的不同，来反对这个推论。这个例子[244]证明，一个归纳可以由另一个归纳来改正。事实上，实际上差不多一切归纳推论都不是孤立地做成，而是在许多次归纳所组成的网络中做成的。一个生物学家有一次告诉我，他对一种人工突变的遗传力已连续检验了许多代，从而确定它是一种真正的突变。当我问他检验了多少代了呢，他说他已考察了 50 代的苍蝇。这个数目在一个保险统计学者看来是太小了，他习惯于通过数百万实例然后才作出归纳推论，怎么才算是一个大数目呢？这个答案必须根据另一些归纳才能作出，那些归纳告诉我们，为了我们可以期望一个观察到的频率继续保持不变，必须有多大一个数目。对于检验遗传性，50 代是一个大数目了。一个医生给病人作华瑟曼检查，试验他有无梅毒，他只需作一次观察就行；所以在这一场合数目"一"对于一次归纳推论已是一个大数目了。之所以如此，是由另一些归纳推理所显示的，那些推理已确定了下列事实：如果一次检查是正的或负的，那么以后所有的检查都是一样的。当我说一切归纳推论都可化为列举归纳，我指的是，它们可以由这样简单的归纳的结合而表达出来。把这些基本推论结合起来的方法的结构可以比前面这一个例子中所使用的方法复杂得多。

　　由于一切归纳推论都可化为列举归纳；为求使归纳推论合法
[245] 所要求的一切就只是证明列举归纳是正当的。如果我们认清，归纳的结论并不自称为是真的陈述，只是以假定的意义说出的罢了；这样一种证明是可能的。

　　当我们计算一个事件的相对频率时，我们发现，百分率是随着被观察事件的数目而变动的；但是，在数目逐渐增加之下，百分率的变动也逐渐消灭了。例如，出生统计显示出，1000 个出生婴儿中有 49％为男孩；把出生婴儿数目增加，那么在 5000 个出生婴儿中有 52％为男孩；10000 个出生婴儿中有 51％为男孩。暂时假定我们知道，这样继续增加下去我们将最终达到一个不变的百分率——即数学家所说的频率极限——那么我们应把这个最后百分率假定为一个什么数值呢？我们能作得最好的是把最后求得的数值认作为永久不变的，并把它用来作为我们的假定。如果这个假定在进一步的观察中发现是假的，我们就改正它；但如果这个系列向一个最后百分率收敛，我们就必定会在最后达到接近于最后值的一些数值。这样，归纳推论就被证明为是求最后百分率或一个事件的概率的最佳工具，如果这种极限百分率无论如何毕竟是有的，即是说，如果这个系列是向一个极限逐渐收敛的话。

我们怎么知道有一个频率的极限呢？当然，我们并不拥有对于这个假设的证据。但我们知道，如果有的话，我们将用归纳方法发现它。所以，如果你想要找到频率的极限，你就用归纳推论去找——它是你所拥有的最好工具，因为，如果你的目的是能达到的，你将用这个办法达到它。如果不可能达到，你的企图就不会成功；但在那时候，旁的办法必定也不会有效的。

进行归纳推理的人可以比之为向陌生的海洋地区抛网——他不知道是否会打到鱼，但他知道，如果他想要捕到鱼，他就得抛网。[246]每一个归纳的预言都像把网抛到自然事件的大洋里去；我们不知道是否有所捕获，但我们至少是在尝试着，并且是用所能获得的最好的办法尝试着。

我们尝试着，是因为我想要行动——想要行动的人是等不及未来成为可观察的知识的。控制未来——即把未来的事件按照一个计划来安排——是以如果某些条件得到实现就将发生什么的预知的知识为前提的；如果我们不知道将发生什么的真理，我们就将使用我们的最好的假定来代替真理。假定是未能获致真理时的行动工具；可以证明归纳法为正当的理由就在于它是我们所知道的最好的行动工具。

证明归纳法为正当的理由是很简单的；它指示出，归纳法是达到一个目的的最佳手段。目的是预言未来——把它表述为找寻频率极限，只是同一目的的另一种说法。这个表述之所以具有同一意义，乃是因为预言的知识是概率性的知识，而概率又是频率的极限。知识的概率理论允许我们建立一个证明归纳法为正当的理由；它提供了一个证据，证明归纳法是找到那类唯一可获致的知识的最佳方法。一切知识都是概率性知识，只能以假定的意义被确认；归纳法就是找到最佳假定的工具。①

〔247〕　　归纳法问题的这样解决，如果与唯理论的概率理论对照起来，就将明白如见了。无差别原则所占有的逻辑地位是与归纳原则相似的，因为它是被用来确定一个概率程度的；唯理论者把这一原则视为一个自明的逻辑原则；这样，唯理论者就达到一个**综合的自明**，

---

①　B.罗素教授在他的《人类知识》(纽约，1948年)里批评了我关于概率和归纳法的理论。我素来是景仰罗素教授的批评判断的；但这一场合，我只能把他的异议视为误解的结果。例如，他没有看到(第413—414页)，在我的理论里，把假定当作为真，是有良好根据的，我的归纳法规律是不能采用构造一些归纳法结论在其中是假的例子来证明为不正确的。对于他的驳议的回答我已全部写在我的著作《概率理论》(贝克莱，1949年)中了，虽然这本书并未明白地提到罗素的驳议，因为它在他的书尚未出版时已在印刷中了。但是，我的理论用英语这样阐述出来在表述上是比1935年用德文发表的、罗素的批评所依据的原著是更为明白的。严重地令人遗憾的是，对于从数学中消除综合先天真理作过那么大的贡献的罗素，在概率和归纳理论中显然也成了综合先天论的辩护者了。他相信，归纳法是以"一种不以经验为依据的逻辑外的原理"为前提的(第412页)。但是，如果把知识解释为假定的体系，这种原理就是不需要的。我想表示一下，我希望，罗素教授在读了上述我的阐述后，他将会修改一下他的见解。

达到一个综合先天的逻辑。附带说一句,列举归纳原则也常常被视为一种自明的原则;这种见解代表着综合先天的概率逻辑的第二个变种。经验论的归纳逻辑见解是本质上不同的,构成经验论归纳逻辑见解中唯一综合原则的列举归纳原则并不被视为自明的,或被认为是逻辑能够使之生效的公设。逻辑所能证明的只是,如果面对着某一目的、预言未来的目的,那么使用这个原则是适当的。这个证据,即证明归纳法为正当的理由,是用分析的考虑而构成的。经验论者在这里也可以使用综合原则,因为他并不确定这个原则是真的,或必定可以导致真的结论、正确的概率或任何一种成功;他所确定的只是:使用这个原则是他所能采取的最好的办法。这种放弃任何自认为获得真理的态度,使他能够把一个综合原则容纳在一种分析逻辑里,并满足这样一个条件:他根据他的逻〔248〕辑所**确定**的东西只是一个分析的真理。他所以能做到这样,乃是因为归纳推理的结论并非为他所确定,而是为他所假定的;他所确定的是,假定结论是达到他的目的的一种手段。于是,这样的经验论原则,即认为理性不能对知识作出任何别的贡献而只能作出分析的贡献,综合的自明是没有的,就充分地成立了。

在大卫·休谟的怀疑论中表述出来的经验论的种种困难,乃是对于知识作了错误解释的产物,一旦作出正确的解释,它们就消失了——这正是从现代科学的土壤中成长起来的一种哲学的成果。唯理论者不只向世人提供了一系列站不住脚的思辨哲学体系,他还诱使经验论者努力去追求达不到的目的而染污了经验论对于世界的解释。把知识当作为可以被证明为真的陈述的体系的见解必须为科学的进化所克服,预言性知识的问题才能得到解决。

确定性的寻求必须在一切自然科学中最精确的一种,在数学物理学里消灭,哲学家才能来解释科学方法。

现代哲学所勾画出来的科学方法图景与传统的各种见解大为不同。按照严格规则而行进的一个理想的宇宙,像一个开足发条而走动的钟那样开足发条而按部就班走动下去的一个理想的宇宙是一去不复返了。一个知道绝对真理的理想的科学家是一去不复返了。自然中的事件与其说像运行着的星体不如说是像滚动着的骰子;这些事件为概率所控制,而不是为因果性所控制,科学家与其说像先知,不如说像是赌博者。他只能告诉你他的最好的假定,他绝对不能事先知道这些假定是否将是真的。然而,他比起绿呢赌桌前的人来是较为高明的赌徒,因为他的统计方法是较为高明的。他对他的目标所押的赌注也是较高的——预言宇宙的骰子的翻滚这样一个目标。如果有人问他,他为什么采用他的方法,他有什么资格作出他的预言,他不能回答说他对于未来有不可驳难的知识;他只能进行把握最大的赌博。但是他可以证明,这些赌博是把握最大的赌博,他这样赌是他所能采取的最好的办法——如果一个人采取了最好的办法,那你还有什么可以要求他的呢?

[249]

# 15. 插曲:哈姆莱特的独白

[250]

活下去还是不活下去——那不是一个问题,而是一个重言式。我对于空洞的陈述不感兴趣。我要知道一个综合陈述的真理性;我要知道我是不是活下去。这意味着,我是否具有勇气为我父亲报仇。

我为什么需要勇气？不错，我的母亲的现在的丈夫，丹麦王，是一个有势力的人，我将冒生命的危险。但我如果能使人人都清清楚楚知道他谋杀了我的父亲，那么人人都将站在我的一边。如果我能使人人都清清楚楚知道那就好了。这一点我是非常清楚明白的。

为什么这件事是清楚明白的呢？我有充足的证据。那个鬼魂的论证是很具有结论性的。但他究竟只是一个鬼魂。他存在吗？我没法好好问他，也许我是在梦里梦着他的，但还有一个证据，那个人有杀死我的父亲的动机。做丹麦国王是多好的事情啊！还有我的母亲急急忙忙嫁了他。我的父亲向来一直是一个健壮的人。这是一个很好的间接证据。

但是，那只是间接证据而已。我是否可以相信这种仅只具有概率性的东西呢？我缺乏勇气的所在就是这一点。并非我害怕当今的丹麦王。我是害怕做某种仅只以概率为根据的事情。逻辑家告诉我，对于个别情况，概率是没有意义的。那么，我在这个情况[251]中将如何行动呢？当你请教逻辑家时就会发生这种事情。决心的本来色彩被这种暗淡的思想所染污了。但是，如果我在事后开始思索、发现我做了不该做的事，那怎么办呢？

逻辑家是不是那样糟呢？他告诉我，如果某事是概率性的，我可以作一个假定，就当它是真的那样行动。这样做，在大多数场合我将是对的。但是，在这个场合我是否将是对的呢？没有答复。逻辑家说：行动吧。我将在大多数场合下是对的。

我找到了一个出路。我将使证据更具结论性。这确是一个好主意：我将上演那出戏。这将是一个有决定意义的实验。如果他们谋杀了他,他们就无法掩饰他们的心情。这是很好的心理学。如果实验是肯定的,我就将确定无疑地知道事实真相。懂得我的意思了吗? 在天上人间有些事情是你们的哲学所不能梦见的,我亲爱的逻辑家。

我将能确定无疑地知道这回事吗? 我看见你的讥嘲性的微笑了。确定性是没有的。概率将会增加,我的假定的数值也会提高。我能够达到一个正确结果的较大百分数。我所能获致的就是这点了。我不能避免作出假定。我要的是确定性,但逻辑家所能给我的一切只是劝我作假定。

这就是我,这永恒的哈姆莱特。如果逻辑家所能告诉我的只是作假定,我何必去找他呢? 他的建议只会增加我的疑惑,而并不能给我以行动所需的勇气。逻辑不是为我预备的。要能一贯地在逻辑的指导下行动,一个人必须比哈姆莱特多有一些勇气。

# 16. 关于知识的功能论见解

〔252〕

在前面几章里阐述了科学哲学的好些结论;此外,知识的两大工具,演绎逻辑和归纳逻辑也已就它们的方法和结论作了评述。我想在这一章里对科学哲学的最具普遍性的部分作一综述;在这些最具普遍性的部分里已发展出了一种对于知识的新见解,物理实在问题已作出了科学的解答。为了使这种见解的本质为人所清楚,我要把它和各种传统哲学体系中或多或少公开地被固执主张着的知识见解比较一下。

思辨哲学是以**超越论**的知识见解为特点的,按照这种见解,知识超越可观察事物,它所依靠的是使用感性知觉以外的其他来源。科学哲学建立了一种关于知识的**功能论**见解,它认为知识是一种预言工具,感性观察是非空洞真理的唯一可允许的判断标准。为了把这两种见解作出对比,我要把它们较详尽地解释一下。

超越论的知识见解在柏拉图的岩穴比喻中得到它的经典代〔253〕表。柏拉图描写了一个岩穴,里面居住着几个人,这些人出生在那里面,从来没有离开过,他被链索锁在他们的位置上,他们只能面对着岩穴的后壁,而不能把头转动。在岩穴的入口的前面有一堆融融之火,火光照进岩穴,照到后壁。在岩穴入口和火堆之间常有人走过,于是他们的影子就投射到岩穴的后壁上;岩穴中的居民看见这些影子,但他们永远看不见穴外走过的人,因为他们不能把头转过去。他们将以为影子就是实在事物,将永远不会知道有一个外在世界,他们所看见的只是它的影子。柏拉图说,人类关于物理世界的知识就是属于这一类的。可感知世界就像岩穴后壁上的影子。只有思维才能给我们揭示出一个较高的实在的存在,可见的事物只是这个较高实在的映象而已。

两千多年来,这个岩穴比喻代表着思辨哲学家的态度。这个态度表达出一个对于感性经验的结果深为不满的人的见解,这个人强烈地想要超出可观察的事物和能归纳地从可观察事物推论出来的东西之外。这种见解把经验知识视为只有精神的洞见才能获致、只有数学家和哲学家才有份的较优良知识的一种简陋的代替物。这是超越论的最纯粹形式。它导入了一种哲学思想路线,这种路线的顶峰就是把现象的事物与自在之物划分开。康德对唯理论的精辟的总结的结果只是重复了把世界分为此岸世界和"彼岸"

世界的二分法,这正是唯理论用来开始它在西方文明中的胜利进
〔254〕军的东西——而且,这在心理学上说来是与把世界分为尘世生活
和天上的来世这种宗教二分法也有密切关系的。

对于不能放弃这种二分法的人们,科学哲学没有什么可说的。
唯理论是对于想象世界的一种感性偏向,对于物理实在的不满足,
它不是由于逻辑动机而产生,因此必须用逻辑手段以外的手段来
治疗。今天的逻辑家能够证明,唯理论的目的是不可达到的,单从
理性中得来的知识是空洞的,理性不能告诉我们世界的规律。但
是,为了要放弃对于不可获得的东西的愿望,就必须对感情上的偏
向作一次检讨。表征唯理论唯心主义者的不是那个发现可观察现
象的不可观察的原因的人——因为那是科学家做的事,科学家如
果被锁在柏拉图的岩穴里也会很快用间接证明方法发现观察到的
影子是有外部原因的。[①] 使用科学推论方法超出可观察的事物以
外,这是经验论者的合法的方法。表征唯心论者的正是那因为不
能在实在的道德的、美学的一切不完善性中享用实在,而沉湎于白
日梦想的人。唯心主义是逃避主义的哲学形式;它总是在发生动
摇人类社会基础的激变的时代里滋生起来。要克服这种麻醉性的
梦想虽然是很困难的,但是要摆脱唯理论对于游戏性的、不可观察
的、藏在现象背后的自在之物的信仰,还是有办法的。这种感情上
〔255〕的调整有时候可以通过实证科学的研究,通过从控制可观察的事
物、成功地预言它们的行为而产生的感情上满足的经验而完成。

---

　　① 对于柏拉图的岩穴人可以用来推论有一个外在世界存在的那种方法的研究,
在我的《经验和预言》(芝加哥,1938 年)一书中作了阐述。在本书里,则对现代知识理
论进行较细致的阐述。

但有时候也需要心理分析家的干预。

对抗唯理论的二分法是经验论的历史使命。从古代原子论者和怀疑论者的时代以来，对于创造一种现世哲学，拒绝承认"彼岸"世界，一直为人努力进行着。但在科学本身脱去唯理论色彩之前，那是不能得到成功的。对于自然的数学分析，本来似乎是唯理论方法的胜利，但最后终于被发现是一种要求以感性知觉为它的真理性基础的知识的工具，只是一种工具，而不是真理的泉源。产生这一发展的十九世纪和二十世纪就成为一种新经验论的摇篮，这种新经验论不只攻击了唯理论，并且也已具备了克服它的手段。由于它使用符号逻辑的方法来分析知识，它也叫做**逻辑经验论**。

与超验论的知识见解相对比，新经验论的哲学也可以称作为**功能论的知识见解**。在这种解释中，知识并不涉及另一个世界，而只描述这个世界里的事物，因而执行着一种为一个目的服务，即为预言未来的目的而服务的功能。我想来讨论一下这个见解，这个见解已成为逻辑经验论的一个原则。

人类是其他自然事物中的事物，他们通过他们的感官的中介而为其他事物所影响。这种影响产生各种人体的反应，在其中语言反应、即一个记号系统的产生是最重要的反应。记号是说出来或写下来的；书写下来的形式虽然在生活目的上也许不如说的形式那么重要，但由于它遵守一套较严格的规则和更精确地表示语言的认识内容，是较高级的。[256]

什么是这种认识内容呢？它并不是某种外加在记号系统中的东西；它是记号系统的一种属性。记号是物理事物，如纸上的墨水痕迹或声波，这些事物是用来表示与另外一些物理事物的对应关系的；这种对应，并不根据任何相似性，而是以一种约定为根据的。例如，"房屋"这一个词对应于一幢房屋，"红"这个词对应于红的属性。若干记号以一定方式组合起来的记号组合，叫做句子，对应于物理世界的事件状态。这种记号组合被称为是真的。例如，当"房屋是红的"这个句子对应于一个确实的事件状态，它就被称为是真的。某些其他记号组合，加上"不"这一记号之后能变换为真句子的话，就被称为是假的。一个记号组合能证明为真或能证明为假的，就被称为是有意义的。这一概念是重要的，因为我们常常涉及一些记号组合，它们的真或假在当时不能断定，但可以在后来断定。任何像"明天将下雨"这类不可证实的陈述都属这一形式。

可证实性要求是意义理论中的必要组成部分。一个句子，其真理性如不能从可能的观察中决定，就是无意义的。唯理论者虽然相信有自在的意义，经验论者则始终坚持意义附着在可证实性上。现代科学是这个见解的证据。在前面对于空间、时间、因果性和量子力学的分析中，意义之依赖于可证实性是显然的了；如果不坚持这一见解，现代物理学就会是不可理解的。**意义的可证实性**〔257〕**理论**是一种科学哲学的不可或缺的部分。

不说"这个句子有一个意义"，而说"这个句子是有意义的"，那就比较要好些；这样的说法可以更清楚地表明，意义是记号的一种属性，而不是外加上去的东西。有意义的记号组合之所以重要，是因为这种组合使我们可以谈论尚未为我们所知的事件，尤其是未来的事件。从真句子到有意义句子的这种语言的扩张使我们可以得到语言的理论使用；即是，这种扩张使记号使用者能够描述各种不同的可能事件，从而在他的表述中选取一个显得是最可以被认为是真的表述。

句子可以经由各种不同途径来证实。最简单的证实形式是经由直接观察完成的；但是，只有一小部分句子可以这样来证实，如"下雨"，"彼得比保尔高"等等。如果一个观察句子所涉及的是过去的事，我们就认为它是可证实的，即使并没有实在的观察者；例如，"11 月 28 日上午 4 时曼哈顿岛上下了雪"这个句子是可证实的，因此是有意义的，因为当时可以有一个观察者。另外一些句子是不能够得到直接证实的。如，曾有一时地球上为恐龙所盘踞，没有人类存在；又如，物质由原子组成，这些句子只能根据直接观察进行归纳推理而间接地加以证实。这种句子之所以是有意义的，因为它们可以得到间接证实。这类证实的规则由概率的计算所制定。这样被证实的句子是以假定的意义表述出来的。如果它涉及未来，它就可以用来作为行动的指导。根据这种对意义的定义所建成的记号体系是设计成能够用来作为预言工具的——那就是对于记号使用者说来的它的功能。如果它能为这一目的服务，它就〔258〕被称为知识。

曾有人提出反驳，说意义是具有主观性的；没有人可以把他所指的意思告诉另一个人；每一个人可以被允许按照他认为适当的意义来使用他的词句。按照这种反驳，如果科学哲学家坚持认为不可证实的句子应排除，即认为证实应该始终以感性观察与归纳或演绎推论相结合为根据，那就是对语言使用的一种无理苛求。然而，这种反驳误解了对于意义的可证实性理论的逻辑性质。这个理论并不打算成为一种道德命令。科学哲学家是宽容异己的；他允许每一个人意味着他本人所想意味的东西。但科学哲学家告诉他,如果你使用了不可证实的意义,你的词句就不能说明你的行动。你所做的事总是指向未来的;关于未来的陈述只有在它们是可证实的条件下才能翻译成可能的经验。对于意义的经验论理论并不提供一个人的主观意义的描述。它是对于语言形式建议的一条规则,由于具有充分理由而是合用的;因为它定义了一种意义,这种意义如果被假设为是一个人的词句中所包含的,应能使他的词句与他的行动相一致。后面这一属性是对一种意义理论所能合理要求的一切了。承认意义的可证实性标准的人,所说的语言是与他们的行为相一致的;对于他们说来,语言所行使的功能是贯彻行动所不可或缺的,而不是与经验世界不发生关系的一个空洞的体系。

　　这种功能论从知识中清除了两千年来唯理论者加进去的一切〔259〕神秘的东西。它使知识的性质变成很简单的了——但是,简单的解决常常是最难获致的解决。知识理论首先须摆脱综合先天真理的包袱,即清除对于在可观察事物背后有一个本体世界抱有神秘倾向的残余,它才能前进,而对知识是功能性的作出一个清楚的陈述。至于要证明知识是功能性的,知识是预言的最佳工具,那在未对概率达致一个令人满意的解释之前,也是办不到的。只要经验论还不能解释归纳推论和概率的用途,它就不是一种哲学理论而只是一种纲领。经验论的纲领,即一切综合真理都是从观察中推导出来的,理性对知识的全部贡献毕竟都是分析的,是不能在十九世纪和二十世纪的科学准备好必须资料之前得到实现的。我们的时代是有史以来第一个看到一种首尾一贯的经验论时代。

　　意义的可证实性理论是经验论用来克服把世界分为现象事物

和自在之物的两分法的逻辑工具。它之所以消除了自在之物,因为它使淡论原则上不可知的东西这件事成为无意义的。经验论者不说不可知的东西,而只说不可观察的东西;但这种东西是知识所能及的,并可以采取有意义的方式加以谈论的。关于不可观察的事物的陈述只要是从观察中推导出来的就是有意义的;它们通过转移,即通过它们对于可观察的事物的关系,而获致意义,这些关系在前面第 11 章中论及量子力学问题的地方已讨论过了。现在必须较详细地来讨论一下,并且要涉及一切知识形式。

实在问题,即世界是否是实在的这个问题,做梦和清醒之间的区别问题,是从日常心理经验中产生的。当然,这个区别是有意义[260]的;但还有必要更明白地陈述它的意义,它的根源,以便克服哲学家们从中推论出来的许多错误结论。

想象有一个人不知道做梦和清醒之间的不同,写下了他所观察到的每一事件的报告。他就会写下"有一只狗"、"彼得来看我"、"汽车开不动"、"玛琳站在番茄汤里"等等句子。最后一句显然说的是我们称为"梦"的事情;但在这个人的日记里不会有对于梦的明白表示。所以不会有这种表示,因为梦中现象在被经验时是与实际观察没有质的分别的。这样一本完全的日记,里面收集了我们的全部观察的记录,而在收集时并不加批判,也不对超出实际经验的事物的推论有所节制,这样一本日记可以视为人类知识的逻辑基础。哲学家要研究知识的构成,他就得考虑从这个基础导致到关于物理对象、梦境、一切科学构造、如电、银河系、有罪意结等陈述的推论。因此,让我们想象有一个人,他想用他在他的完全的日记中找到的记录句子构造一个知识体系。

　　他会努力把这些句子分成若干个集团,并表述出一些对它们有效的普遍的规律,而在这些句子中构造起一个秩序。例如,他会发现这样的规律:只要有一个句子说太阳在照耀着,那就在后面会有句子说天气渐渐暖起来;于是他把这个结果表述为事件之间的〔261〕这样一种关系:只要出太阳,天气就会暖起来。然而,他也会很快发现,某一群句子,像关于玛琳站在番茄汤里那种,必须有其他句子隔绝;由于这些句子并不会导致正确的预言,因此也不会导致普遍的规律,他无法把它们包括在有秩序的体系之内。例如,他会发现一句报导,只要他把手指伸入一碗汤里,手指就会沾湿;但显然,玛琳的腿从番茄汤里跨出后并未呈现这种效果。构成一个逻辑孤岛的这一群句子,他会称之为梦。

　　做梦和清醒之间的区别可以经由报导总体中的结构差别来证实:这就是这一分析的逻辑结果。这所以是一种有意义的区别,是因为它可以翻译为可证实关系;梦不能向我们提供能预言未来经验的观察。这一结果导致把报导句子分成二类,一类是**客观地真的**,一类只是**主观地真的**。为了要在未作出区分前有一个可使用的名字,我要把一切报导句子称为**直接地真的**;那即是说,假设它们都不是谎言。直接的真被区分为客观的真和主观的真,这是内部整理过程的结果;这里所谓内部整理是指不越出完全日记中所列的句子而进行整理。

　　现在我们从句子进而来谈事物;客观地真的报导是指所涉及的是**客观事物**,只是主观地真的报导则指所涉及的是**主观事物**。这样,我们现在就有了两种事物;这两种事物都是**直接事物**,但只有前一种是客观的,或实在的事物。那么另一种是什么东西呢?

为了对它进行研究,我们要创造一个"我的身体"的概念。我〔262〕们说,在物理客体之中有一个客体叫做"我的身体",它受其他物理客体的因果影响,因此被安置在某一生理状态中。只要在日记中报道了一桩客观事物,我的身体就处于某一状态;但是,当没有客观事物时,它也可以处在那一状态中。在这种情况下,我们所说的就是一件主观事物。这样,主观事物虽然没有实在性,但指示着另一种实在事物:它们指示着我的身体的一些状态。

最后这个陈述好像是一个逻辑谬误:如有不存在的某物指示着存在的某物,它必定也是存在的。为了克服这个蘼论,我们必须更小心地来表述我们的推论。这须回到日记中的句子上去才能办到。我们以前发现,这些句子不是全部都客观地真的。现在我们又发现,如果一个报导句子不是客观地真的,我们可以推论出,这里并没有一个相应的物理客体,但这里有一种我们的身体状态,这种状态是如有一个相应客体时也会发生的。在谈论句子时,我们避免着"主观事物"之类的名称。反过来,由于这种翻译为谈论句子的语言办法是可能的,那么使用这种名称也是可允许的了。因此,我们可以说,主观事物有一个主观存在,这样就使用了一种虚拟存在。这些说法之所以可被允许,就因为这些说法是能被消除的。

这样,把经验世界划分为客观事物和主观事物,就经由有效的推论手段办到了,并且用一种合法的说法表示出来了。当假设一切报导句子都是客观地真的时,我们发现有一些并不然;这是一种有效推理,这种形式的推理逻辑家称之为**归谬法**。这是说:说一切报导句子都是客观地真的这个假设是被"归结为荒谬的说法了"。

为了要把这些不是客观地真的报导句子放进一个前后一贯的物理
[263] 世界中去，我们引入了人类观察者的假设，这个观察者的身体可以
在没有某些客观事物的情况下处在某些观察状态中。这样，做梦
句子就经由秩序关系而与清醒句子联系起来；我们可以构造一些
解释梦的生理学规律，心理分析已发展出了一些方法，能把梦中经
验与清醒状态中的以前经验因果地联系起来。这样，这一类的做
梦句子就失去了它的孤岛性质，而进入了总体系之中；然而，这样
地对它们所作的解释就与对其他句子所作的解释大为不同了。

这样，人类观察者和他的身体状态就借物理假说的手段而被
引入了。导致这个假说的推论必须较仔细地来考察一下。当我们
企图为物理事物构造一个前后一贯的规律体系时，我们常常被迫
引入一个假设，说另外有一些物理事物是不能直接被观察的。例
如，为了说明电现象，我们引入了一个假设，说有一种物理实体，叫
做电，它沿着电线流动，它在开放空间中像波一样运动。我们所观
察到的则是磁针的偏倾，收音机里放出音乐来之类的现象；电是始
终未尝直接观察到的。对于这种物理实本，我采用了"illata"这个
名称，意为"推定的事物"。它们与构成可观察事物世界的"con-
creta"（**具体的事物**）是不同的。它们与作为具体事物的组合，因
为是一些包罗宏富的总体而不能直接观察的"abstracta"（**抽象的**
[264] **事物**）也是不同的。例如，"繁荣"这个名词所说的是一些可观察现
象、一些具体事物的总体，这个词被用来作为一个扼要的表示，总
括了处在相互关系中的所有这些可观察事物。推定的事物则不是
具体的事物的组合，而是从具体事物中推论出来的分立的一些实
体，它们存在只是因为有这些具体事物才成为有概率性的。

人的身体的各种内在状态是一些推定的事物,因为我们只能观察到身体的反应,而不是身体的内在情况,包括脑子的不同状态。要描述这些状态,我们就得使用间接的说法;例如,我们说"如果这个人看见一条狗那么就会发生的状态"。这种间接说法曾被称为**刺激语言**。我们是采用描述会产生这种状态的那种刺激来描述一种身体状态的。

这种语言可以用一个物理例子来说明。速度表采用一根指针的偏移来计量一辆汽车的速度。为了这一目的,转动着的车轮通过齿轮和一根柔软的轴杆和指针联系起来,使速度较大时指针的角移亦相应地较大。当指针处在任何一个位置上时,表盘上就读出了相应的速度。指针直接指示出来的是速度表的内在状态;但它从而间接地指示出一个速度,这个速度是作为一种刺激而发生作用,使这个仪表处于这一状态中的。我们如果不把表盘上的读数用来计量车行速度,我们也可以把读数用来指示速度表的内在状态。假设有一个人把这仪表从车上拆下,移动了轴杆;这时,速度表就处于某种内在状态中了。我们看见表盘上的读数,就可以说,"速度表是处在每小时60哩的状态中。"这样,我们就是用刺激语言间接描述这个仪表的状态。

这个例子可以帮助澄清主观事物的性质。梦中看到的事物所具有的那种存在,与从车上拆下的速度表的例子中的每小时60哩〔265〕所具有的存在是一样的。在这里谈论存在,作为一种说话方式是可以认为是正当的,但物理存在只限于这样地被间接描述的速度表的种种状态才可具有。做梦状态和清醒状态的两重性并未给经验论哲学造成困难。它并不要求引入"超乎"物理事物世界的事物；它并不打开通往超越论的道路。它可以完全在一种"此岸哲学"中得到解释。关于梦中存在的事物的陈述的意义是可以翻译为关于客观事物的陈述的意义的。

　　这样的分析使我们澄清了世界是否实在这一问题的意义。这个问题可以解释为意味着：我们现在是在清醒状态中还是在梦中？这当然是一个有意义的问题。事实上，我们确曾经验过一些梦境，在梦中我们提出这个问题并得到我们是在清醒中的回答，后来才发现，我们错了，即是，我们还是在做梦。同样的事情会在现在发生吗？我们不能排除我们将在以后若干时候发现我们现在是在做梦的可能。我们感到很确定，这是不会发生的；但我们没有不会发生的绝对保证。

　　回到完全的日记那件逻辑设备上来，我们就可以把这种考虑表述如下。我们的报导句子中的做梦孤岛之所以能够与其余部分区分开，那是因为其余部分的总体可以通过因果律形成一种秩序。但我们不能确定地认为这种秩序整理永远是可能的。想象你已研究了日记中的 500 个句子，发现这之中一共有 30 个句子是一些孤〔266〕岛，从而成功地把其余 470 个句子合理地整理出来，你现在说："我是清醒着"。后来继续研究日记，你发现后面的 1000 个句子不能与前面的 470 句放在一起，而可以合理地在它们本身之间进行整理。你就会得出结论，那前面 470 句是一个孤岛，即是说，你以前是在做梦；现在才是真正清醒的。现在你是否可以确定，以后不再有那种情形发生呢？如果又发现 2000 个句子，迫使你把你的目前状态视为做梦，那怎么办呢？这个捣乱的经验不断地老是重复出现，那怎么办呢？

让我们庆幸,这种经验不会发生。但我们不能通过逻辑论证排除它们。因此,我们不能说这种经验是不可能的。如果它们发生了,如果有秩序经验的线索会断裂,即使重新接好也老是会断裂,那么我们就不能谈论一个客观的物理实在了。这样,说有一个客观的物理世界的陈述就只能被认为是具有高度概率的,而不是绝对确定的了。对于一个物理世界的存在,我们拥有很好的归纳证据——但这是我们所能申辩的一切。谈论一个客观物理世界之所以有意义,那是因为关于这样一个世界的陈述是从观察中归纳地推导出来的。

要注意到,我们用来谈论物理世界的语言并不是确定不移地由观察所确定的。它也可以发生在第 11 章里谈到一个假想的普罗塔哥拉斯时讨论到的歧义。等价描述可以有若干种,我们用来描述物理世界的通常的实在论语言只是这些描述之中的一种而已;这是我称为**正规体系**那一种。只有在对于可观察事物和不可观察事物的同一律规则制定下来之后,归纳推论才能建立起关于〔267〕一个外在世界的陈述的通常形式。这个规则具有着规定语言形式的定义的性质;它可以称为语言的**引申规则**,因为它提供手段,把语言引申到更广阔的客体范域,一直包括未被观察到的客体。但是,这条规则之能够适用,描述日常生活的物理世界之有一种正规体系,只是一个经验事实;或是说得更精确些,是一个通过归纳推论的手段而造成的事实。在这一意义上说来,说有一个物理实在,乃是一个归纳地确定下来的假说。

用另外一种说法:"有一个物理世界"这句陈述是很容易与"没有物理世界"这句陈述区别开的,因为我们可以叙述一些经验,使前一陈述具有概率性,并使后一陈述不具概率性。这两句陈述在它们的预言内容上也是不同的。对于知识的功能见解就把可证实的意义给予了有物理世界的假说。

我要把这样的分析与对于**唯我论**的传统讨论比较一下。照唯我论的哲学理论说来,我们可以确定的 ,只是我们具有经验;同时,我们不能越出这一确定,证明有一个客观实在存在。虽然这种见解从来只有很少数人确实主张过,但有一些哲学家却把它发展成为哲学体系;这些哲学家中可以一提的是贝克莱和施蒂尔纳。我说,就是这些人也并不真正坚持这种理论的,这我是指他们写书陈述他们的理论这样一个事实,如果他们不相信有别人能读这些书,这个事实就很难解释了。常常有人论证,虽然唯我论的理论是完全不合理的,但我们没有逻辑论证驳倒它,因为,我们的经验所能证明的一切只是我们具有经验,而不能证明有一个物理世界。

[268]

我并不认为情况是那样无望。唯我论者犯了一个根本性错误:他相信他能证明他自己的人格的存在。但是,**自我**的发现,观察者的人格的发现,是与发现外在世界一样以同样的推论为根据的。那本日记中的一些孤岛之被解释为观察者的身体状态,与其余句子之被认为是物理世界的证据,所通过的方式是一样的;事实上,这些孤岛就这样已被纳入了包纳一切的物理解释中,因为观察者也是物理世界的一部分。前面说过,通过观察者和他的身体状态的假说,那些句子孤岛就失去了它们的孤岛性质,而变成为物理世界的描述,在那里它是被视为在描述观察者的。这样,如果我们能够证明**自我**的存在,我们也就可以证明物理世界的存在,包括别人的存在。唯我论者忽视了这种推论的平行现象。他引入**自我**和自我的经验,认为那是绝对知识,接着就无法推导出外在世界来——但他的没有办法是由拙劣的逻辑产生的。

对于这一情况的正确分析前面已经作出:对于有一个物理世界存在,我们并无绝对结论性的证据,对于我们存在,我们也没有绝对结论性的证据。但我们对于这两个假设都有很好的归纳证据,使用对归纳证据进行分析的结论,我们可以说:我们有充分理由**假定**外在世界的存在以及我们的人格的存在。我们的一切知识都是假定;所以,我们的最概括知识,即关于物理世界存在以及在它之中有我们人类存在的知识,也是一个假定。

把人类观察者纳入物理世界是经验论哲学的根本特点之一。[269]关于知识的超越论见解在物理实在和人类思维之间作了截然的划分,这样就造成一些不可解决的问题,如我们怎样能从思维资料推论出实在来这种问题。虽然思维的存在常常被称为观念的存在,并与梦的世界区别开来,但唯心主义的心理根源可以在做梦的经验和我们在清醒状态中能凭意志想见的幻象中去找寻。导致把思维当作一种独立实体、当作某种可与物理实体相比拟但具有它自己的实在的实体的见解的是对那些幻象所作的不正确的逻辑分析。经验论哲学以现代逻辑的工具为装备,把知识解释成为以直接报导句子为根据的归纳假定体系;这种经验论哲学对唯心主义牌号的思辨哲学作了回答。这样,关于知识的功能见解,即把意义归纳为可证实性,就消除了唯心主义对实在论、或唯物主义的传统论争。

够令人奇怪的,把自我当作物理世界的建造者这种唯心主义见解,近来从量子物理学的某些解释中得到了新的支持,这些解释对海森堡所说的观察行动所造成的扰乱和波尔所说的互补性作了不可允许的滥用。按照这些解释,海森堡的非决定性导致不可能在观察者和物理客体之间划一条界线的结论;当观察者通过观察行动改变了世界的时候,我们无法说出这个世界不依赖于人类观察者时究竟是什么样子的。前面(第11章)的分析已经指出,这是对量子力学的错误解释。不可观察的东西的非决定性只存在于从宏观世界到微观世界的移转中;当所考虑的是从已观察到的我们周围的客体向未被观察到微观客体移转时,并没有这种非决定性。对于这后一种移转,有一种正规体系存在着,它使我们可以用通常的实在论语言来谈论外在世界。量子力学的非决定性与人类观察者和他的周围环境的关系无涉。它只在下一步,即要从较大客体的世界推论到较小客体的世界时,才起作用。

如果我们假设一切观察工具都构造成为记录工具,它把测量的结果用印在一条纸上的数字形式呈示出来,那么这一事实就可以完全弄明白了。当观察者瞧着纸条时,他当然不会扰乱这些纸条,因为这种观察是宏观事件。所以,他就可以以通常的方式推论出,这里有某种测量过程在进行着。只有当他进而从工具的动作中推论到那里有某种他可以解释为粒子也可以解释为波动的微观事件在发生的时候,非决定性才进入他的计算中。这一很简单的考虑就排除了对于量子物理学的一切唯心主义解释。它指出,经验论对物理学的发现是没有什么可以害怕的,现代的回复到哲学唯心主义的倾向不能在现代物理学中找到支持——只要对于物理学的分析能够摆脱含混的语言,并以现代逻辑的精密性来进行就行了。

　　讨论过以直接报导为根据推导自我的构造这种推论之后，再较详细地讨论一下在一种把可证实性公设应用于关于思维的陈述[271]的关于知识的功能见解里怎样处理思维这个概念，将是有益的。

　　想象科学家们构造成了一个完善的机器人，这个机器人会说话，回答问题，做命令它做的事，提供所需的一切种类的报导；例如，你可以派它上食品铺去，去问今天的鸡蛋价格，它就会把回答带回来。它会是一架完善的机器，但没有思维。你怎么知道它没有思维呢？

　　你说，因为它在其他方面不像人类那样反应。它不会告诉你今天天气好，它也不会诉说牙齿痛。如果它都会，那么怎么样呢？假设它的行为在每一方面都和人类相同——你还能说它没有思维吗？

　　这个问题也可以用下面的方式来询问。假设你能暂时从一个人身上拿掉思维；在某些时候他有思维，像平常那样行动；在另一些时候他没有思维，但也像以前完全一样行动。我不是说杰克尔博士和海德先生①，因为海德先生的行为和杰克尔博士大不相同；我是说暂时没有思维的杰克尔博士，但始终还是同样一个杰克尔博士。我们怎么知道在这些时候他没有思维呢？

　　按照前面所作的对于句子意义的解释而论，这个问题是显然没有意义的。这和"一切事物，包括我们身体，是否在昨夜我们睡着时都变得大了十倍"那个问题是同一形式的。人的这两种状态

---

　　①　英国小说家史蒂文森幻想小说《杰克尔博士和海德先生》中的人物。杰克尔博士是一个科学家，配制了一种药，服后会兽性勃发，他自己服了这种药，就变成了充满兽欲的海德先生。——译者

之间是没有可证实的区别的,如果我们假设他在一种状态中有思维,我也得承认另一种状态中也有思维。思维是与某种身体组织状态不可分的。由此得出,思维和某种身体组织是同一件事物。

〔272〕

　　我们也可以说,"思维"一词是一个略语,所表示的是一种显示某些种类反应的身体状态。相信思维还有其他什么,就像那样一个人一样,他有一辆 130 匹马力的汽车,他把机器拆开后却找不到这 130 匹马力,而感到非常失望。相信思维有独立存在,是由于误解抽象名词所引起的谬误。一个抽象名词可以翻译成许多具体名词,它所表示的客体只是包括所有这些具体客体的集合。思维的存在问题,是一个正确使用名词的问题,而不是一个事实问题。

　　思维有独立存在这个见解是超验论的基础;它把思维现象视为非物理存在的实例,从这种解释出发很容易就可以达到关于一种较高级存在的信仰,把可见客体都视为只是那种高级存在的影子。但思维与身体问题之所以是一个哲学问题,只因为它的通常表述方式带有语言上的困难,这些语言上的困难把哲学家导引到逻辑混乱。我们用来描述思维和情感现象的语言是一种并非为了这一目的而作成的语言,只有在使用相当复杂的逻辑构造之下才能充用。日常生活中的语言——这是我们用来作心理描述的语言——是从谈论我们周围的具体客体中发展出来的,也只能对心理现象作间接的描述。这是上面解释过的那种意义的一种刺激语言。我们说我们在我们的思维中有一幅树的图像;但是"树"和"图

〔273〕

像"这两个词就它们的原意而论所指的都是具体客体,只能用来对我们所指的东西作出间接的表达。用较精密方式说,我们应该说,我们的身体处在这样一种状态中,即如果光线从一棵树上投射进

我们的眼睛中时会造成的那种状态,虽然在这一特殊场合事实上并无树也无光线。我们的语言没有直接谈论身体状态的词语,我们就只好用外在客体的词语来作间接描述。

心理报道的表述必须先谨慎地进行翻译,那么关于思维的哲学问题才能得出答案。如果忘记了这条规则,假问题就产生了。例如,有人论证,我们并不看见什么身体状态,但在虽然没有树的情况下在梦中看见一棵树。但是,任何逻辑家都没说过我们能看见身体状态啊。"看见"这个词是用来谈论外在物理客体的,逻辑家所主张只是,"我看见一棵树"这一整句是与"我的身体处于某一心理状态"这个句子等价的。现代逻辑已具备处理这类等价物的手段了。

另一个假问题是这样提出来的:如果说光线投射在人眼上,神经冲动从瞳孔传递到脑中去,那么,冲动是怎样、在哪里变成**蓝色**感觉的? 这个问题是由于错误的前提产生的。冲动不在任何地方变成为感觉。冲动所造成的是脑子的一种心理状态;脑子处于这种状态的人看见**蓝色**,但**蓝色**并不在脑子里,也不在身体任何处所。"看见蓝色"是一种身体状态的间接描述方式;这个状态是光线和随后的神经冲动的因果性产物,但并没有**蓝色**这种因果性产物。

对于这些逻辑关系,可以作一个比喻;假设有一人拿 2000 元钞票到银行去开了户。他现在所有的是银行账户形式的 2000 元。[274]那么,这 2000 元在哪里呢? 它们并不在钞票里。同时,这原来的钞票已经经过许多人的手,也许大部分都已不为银行所有了。作为是这些钞票的因果性产物,在银行的账簿里与这个人的姓名结合在一起而写下了这笔钱数;但纸上的数字不是钱,而这些数字也不属于那个人而属于拥有那些簿册的银行。那么,这个人所有的2000元在哪里呢? 它们是"另一实在领域的不可感觉的事物",但它们仍旧似乎是原来的钞票的产物,那些原来的钞票则是具体事物。某种不可触摸的事物怎么能被某种可触摸的事物因果地产生出来呢? 在这一事件中,每一个人都可以看出,这个问题是无意义的,这是语言方式混淆的结果。在这里存在着一个事件状态,包含在记在银行簿册中的数字,这是由钞票从一个人的手里交到出纳员的手里这个事件因果性地产生的。这个事件状态则间接地由"这人拥有2000元"这句陈述所说明。这笔抽象的2000元只在说话方式中具有它的存在。然而,在感性知觉问题上,许多哲学家问出这类问题来,并且提出了其中有超出人类思维所能理解的不可解决的问题的论点。这一类哲学上的困惑是只有学一点逻辑才能排除的。

　　当涉及关于心理现象的知识时,关于知识的功能见解也不需放弃。一个身体系统之能谈论它本身,并不比一架照相机能通过〔275〕镜子而拍摄它自己更奇怪。传统逻辑的贫乏状态是这些问题在传统哲学中被处理时产生极度混乱的主要原因。这是科学哲学在致力于澄清问题和科学分析时得到现代逻辑之助的所在之一。通过这样一些方法,建立起了一种知识理论,这种知识理论已夺取了各种思辨哲学体系自称已建立的同名学科的地位。

　　我只对这种知识理论作了一个概述;要深入研究,我就得推荐现存文献了。逻辑家已发现,要建立一个完备周密的知识理论绝不是容易的,它需要进行大量的技术性工作。我们的知识体系是一种各种语言的奇怪的混合物，其中有物理语言、主观语言、直接语言、元语言等等；这些语言的联系和相互关系须用符号逻辑的技术来进行探索，在这种符号逻辑中又要包括概率关系的表达。学哲学的人在修习现代知识理论的课程时，常常由于遇到代替了思辨哲学的图像语言的逻辑公式而感到惊异。但是，这种公式的出现正表示着哲学已由思辨进为科学了。

# 17. 伦理学的本性 〔276〕

　　本书第二部的阐述到这里为止一直是关于知识问题的；特别是指出，在认识领域中综合先天真理已被勾销了。本章将在伦理学领域中作一次同样的分析。综合先天真理的观念不只被应用于知识方面，并且也被应用于伦理学方面；实际上，一种伦理——认识平行论的纲领乃是产生综合先天真理的观念的泉源之一。在第 4 章里已对从这种平行论产生的思想的谬误路线作了一次历史的研究。用符合科学哲学的结论的见解去代替认识的和先天的伦理见解，就是本章所要处理的问题。

　　对现代科学进行分析之下，有一个结论是立刻可以得出的。如果伦理学是一种知识形式，那它就不会是道德哲学家要想使它成为的东西；即是，它不会提供道德指导。知识可分为综合陈述和分析陈述；综合陈述告诉我们事实，分析陈述是空洞的。伦理学应是什么样的知识呢？如果它是综合的，它就会告诉我们事实。这种伦理学是一种描述伦理学，它告诉我们各种人和各个社会阶级的伦理习惯；这种伦理学是社会学的一部分，但它不具有规范性。〔277〕

然而,如果伦理学是分析的知识,那么它就会是空洞的,也不能告诉我们应做什么。例如,如果我们把一个有道德的人定义为一个总是这样地选择他的行动的准则,使他的行动准则能成为普遍立法的原则的人,我们就会知道我们用"有道德的"这个名词所指的是什么,但我们不能证明我们应该渴望自己成为一个有道德的人。"有道德的人"这个词在这样的定义之下只是康德关于行动准则的冗长的表述的简化而已,因此可以用另外任何一个名称来代替,譬如说用"康德主义者"这个名词来代替;但是,我们为什么要努力成为康德主义者呢? 如果伦理陈述是分析的,那么它们就不是道德指导。

　　对知识的现代分析使一种认识性的伦理学成为不可能;因为,知识并不包含任何规范成分,因此不能充分伦理学的解释。伦理—认识平行论对伦理学帮了一个倒忙:如果这种平行论能够通得过,如果德行是知识,那么伦理规条就失去了它们的命令性质。两千年来要想把伦理学建立在一个认识基础上的企图乃是对知识的一种误解的结果,是认为知识包含一种规范成分的错误见解的结果。要对这种错误负责的,主要是对于数学的错误解释。我们看到,从柏拉图时代起直到康德时代,数学一直被认为是控制着物理世界的一个理性规律体系;这种综合先天真理离开那种见解,即认为理性能向我们传授道德指导,这些道德指导则具有一种假设数学规律也具有的那种客观有效性的见解,只差短短一步了。假如结果发现,数学并不是这类东西,它并不提供物理世界的规律,〔278〕而只是表述一些对一切可能的世界有效的空洞关系,那么就不再有任何余地留给一种认识性的伦理学了。知识之所以不能提供伦理学的形式,就因为它不能提供指导。

我在前面(第4章)解释过,对于伦理学作认识性解释,其根源大概在于用逻辑和知识来推导伦理蕴涵式的做法。如果你要达到这个目的,那么你就必须也要这个和那个事物——这种蕴涵式是可以用认识性的证明来获致的。所谓认识性的证明我是指用逻辑规律和物理学、社会学,或其他科学结合起来而作出的证明。这样,如果你要想收获,那么你就得播种;这个蕴涵式是靠植物学规律的帮助而被证明的。许多伦理学上的争论都关系到这种蕴涵式;那可能就是认为一切伦理考虑都属于认识型的错误见解的原因。我们似乎在一次伦理的讨论中使我们的伦理理解精炼化和深刻化,一如按照柏拉图和康德的意见,我们是通过几何分析而使我们对空间的性质的理解精炼化和深刻化的。但是,几何学的发展已给我们指出,那后一种见解是错误的,对于空间的性质是不能有什么理解的,空间可能有许多不同形式,几何学的证明只能推导出一些**如果—那么**陈述,或公理与定理间的一些关系而已。几何必然性是没有的,只有关于从一组给定公理中得出的结果的逻辑必然性;数学家不能证明公理是否为真。

斯宾诺莎如果预见到现代数理哲学的这个结果,他就不会企图用几何学方式来构造他的伦理学了。他如果知道非斯宾诺莎伦理学也可以具有他自己的体系所具有的严整性而被构造起来;如〔279〕果他的公理是几何公理性质的,那么它们就不能得到证明;那他就会大吃一惊了。如把他的公理像几何学的公理那样,变为经验的结果也不会对他有什么帮助,因为他所需要的并不是经验真理。他要建立不容争辩的伦理公理。他要的是**必然的**公理。

　　但是,如果"必然的"这个词所指的是逻辑必然那样的东西,那么世界上就不能有什么道德必然性。当我们感到,在伦理讨论中我们的理解是精炼化和深刻化了,这种成就也不能视为是有一种伦理的卓见存在的证据。对一些伦理问题作过分析之后我们看得较为清楚的东西是目的和手段之间的关系;我们发现,如果我们要达到某些根本目的,那么我们就必须致力于达到某些其他目的,这些目的从手段对于目的的意义上来说是从属于前面一些目的的。这样一种分析说明是具有逻辑性质的;它指出,根据物理学和心理学规律,目的是逻辑地要求着手段的。这个论证不只平行于逻辑证明,它就是逻辑证明。侈谈伦理卓见的哲学家们把目的与手段间的蕴涵式的逻辑证明与公理的假设的自我证明混为一谈了。

　　然而,当要作出决断时,目的与手段间的蕴涵式是不足以决定我们的选择的。我们先得决定目的。例如,我们可以是能够证明这样一个蕴涵式的:如果偷窃是被容许的,那么就不会有一个繁荣的人类社会。为了要推导出偷窃应予禁止的结论,我们必须先决定我们要一个繁荣的人类社会。由于这个理由,伦理学需要陈述〔280〕首要目标的一些道德前提或道德公理,而手段只是次要目标。当我们称它们为公理时,我们就把伦理学当作一个有秩序的体系,是可从这些公理中推导出来的,而公理本身则不能在这个体系中推导出来。当我们只考虑一个特殊论证时,我们就使用较平凡的名词"前提"。在一个伦理论证中至少应有一个道德前提,即是,有一个伦理规条不是由这个论证推导出来的。这个前提可以是另外一个论证的结论;但是,这样层层上推,我们在每一步上始终都不能摆脱一组道德前提。如果我们能够成功地把全部伦理规条排列成一个首尾一贯能自圆其说的体系，我们这就达到了我们的伦理学的公理系统。这个分析就可以总结成下面这样一个论题：逻辑必然只控制着道德公理和次要道德规条间的蕴涵；它不能证明道德公理的正确性。

那么，如果说伦理学公理不是必然的和自明的真理，它们又是什么呢？

伦理公理之所以不是必然真理，因为它们不是任何种类的真理。真理是一个陈述宾词；但伦理学的语言表达式都不是陈述。它们都是指令。一个指令不能按真或假来归类；真假这两个宾词之所以不能适用，因为指令句子与直陈句子或陈述是具有不同逻辑性质的。

指令中的一个重要类别是由命令句作成的，这种命令句我们用来指导我们以外的人。考虑一下"关上门"这个命令。这个命令句是真的还是假的呢？我们只消提出这个问题，就可以看出它是无意义的了。"关上门"这句话并不告诉我们什么事实；它也不是一个重言式，或一个逻辑陈述。我们无法知道，如果"关上门"是真的，那么结果怎样。一个命令句是一个不能适用真假分类的语言[281]表达式。

那么一个命令句是什么呢？一个命令句是一个语言表达式，我们想用它来影响别人，使别人做我们要他们做的或不做我们不要他们做的事。这一目的能用言辞来达到，乃是一个事实，虽然那不是达到目的的唯一办法。我们如不说"关上门"，我们也可抓住那个人的手，使手做出关门的动作。然而，那样做不仅不礼貌，并且对我们也太不方便了，因为我们自己做倒反而容易些。因此，我们比较愿意利用这样的事实，即，跟我们相处在同一社会中的人们都被约制着对作为我们的意志的工具的词语有所反应。一句命令的命令语态就能使人明白，即使在语法上说，这句命令也不是一个陈述。然而，并非所有的命令都采取命令语态的。直陈语态的陈述"如果门关上了，我将觉得高兴"就可以由我以命令的意思说出来，而且事实上它比起用命令语态所说出句子来也可以是达到目的的更好的工具。礼貌不只是外交家的一种策略，它在日常生活的小外交上也是很有用。我们那句话是伪装为陈述的命令。

　　但是，"如果门关上了，我将觉得高兴"这句话，难道不是有关我的愿望的陈述吗？是的；只是在这一场合，它是用来作为命令的。然而，只要有一句命令句被说出时，这里就有一个**相关陈述**，把一个人的意愿告诉我们，这也是事实。因此，对于"关上门"这一命令句，就有直接陈述："某先生期望门关上"与之相对应。这一陈述是有真或假之别的，并如其他心理陈述可以被证实的。有时候，相关陈述被用来代替命令。为了逻辑分析的目的，总是把命令句用命令语态表达出来，从而使之与陈述句在语法上有区别，才比较方便。

　　虽然命令句无所谓真或假，但它们既为别人所了解，因此也有一种意义，这种意义可称为**工具意义**。它必须和陈述句的**认识意义**区别开；关于认识意义，在意义的可证实性理论中已下过定义了（第 16 章）。此外，每一命令句具有一个由相关陈述所给予的**认识关系**。

　　像命令句一样，关于我们自己的行动的指令也是意愿的表述，它本身是无所谓真或假的，因此亦属于意愿表示之列。意愿动作可以涉及各种不同的客体；我们要得到食物、居处、朋友、愉快等等。我们在我们身上发现有意愿动作，是一件事实；它们与知觉或逻辑规律之不同，在于它们是作为我们本身处在一个任我们选择的情况中时的产物而呈现的。我可以上戏院去或不去；但我的意愿是去。我可以帮助另一个人或不帮助；但我的意愿是帮助他。我们是否有选择的自由，那是另外一个问题；为了要定义一个意愿动作，只要我们至少相信我们有选择的自由，就已够了。因此，为了作出这个定义，并不牵涉到意愿从哪里来的问题，在这里我不问，对于我们的意愿说来我们是否由我们生长的环境所制约，我们的意愿是否出于某种基本冲动，如性冲动或自保冲动。让我们简单地承认，我们是在作出指导我们的行为的意愿决定，这一心理学事实吧。

只有在意愿决定所涉及的是要由别人来完成的行动时，它才采取命令式。有时候，命令句以带有权力强迫的威胁形式而说出来；例如政府当局的权力或军官的权力；那时就叫做命令。其他命令句都是愿望，它们也用命令语态表达的。譬如我们说："请给我一支香烟。"

如果有一道命令传达给我们或有一个愿望说给我们听时，换言之，如果我们是处在命令句的接受方面时，我们可以采取肯定或否定的反应。一个肯定的反应就是倾向于完成这一命令的我们方面的一次意愿动作，这里甚至可以包括向别人作出相应命令句的愿望。一个否定的反应就是反对完成这一命令的意愿动作。这种抉择用"对"和"不对"等词表达出来。这样，如果有人对我说"你应该去看看保尔"，我可以回答说"对了"，接着就准备去看保尔。用一个命令句表达出来的对于一个意愿动作的肯定反应,这样就包含在接受者那里产生的一个同类的第二个意愿动作中。如果反应是否定的,这第二个意愿动作就是与第一个意愿动作相反对。在语言的用法中,对于是、否和对、错这两种抉择之间不是总能作出清楚的区别的,而是常常交替地使用它们。然而,把上面所说明的区别视为是对这些名词的适当解释,可以说是有理由的。

为了作出涉及别人的指令我们虽然拥有命令式这种语法形式,但为了作出对我们自己的指令则没有相当的语言形式。由于这个原因,我们在表达这种指令时就采取一种直陈句的形式,报道着指令的提出,如这样的句子:"我要上戏院去。"有时候,我们像对[284]别人说话那样,采用命令语态,来对我们自己说话;例如我们对自己说:"老朋友,快写那封信吧。"用这种相当古怪的方法,可以把应用于命令句的接受方面的信号传递给我们自己,并说出经由我们给予我们自己的命令句而在我们身上产生的第二个意愿动作。

这些考虑可以澄清认识句子和指令间的区别。如果我听到一个认识句子或陈述,我同意它,我就说"是",意味着我视这个陈述为真的。例如,如果你告诉我,蒂配雷里离这里很远,我说"是",这就意味着我也认为蒂配雷里离这里很远是真的。然而,如果你告诉我,吝啬是不好的,我就说"说得对"来表示我的同意。你所说的是一个指令,因此也就是你的意志的表述,即是,你说:"我愿意没有吝啬的行为"。我们回答相应地也是指令,它意味着我也愿意没有吝啬的行为。对于一个指令所作的肯定回答不是一个认识那一类的肯定;它包含在一个第二意愿动作中,而在一句指陈出听者跟说话者有同样意愿的言语中表达出来。

　　到这里为止所作的考虑涉及的是一切种类的指令。现在让我们来研究一下被称为**道德指令**或道德命令的那些指令。

　　道德指令的一个特殊标记是，我们视它为一个命令，并感到我们自己处在它的接受方面。这样，我们就视我们的意愿动作是一种第二意愿动作，是对于某种高级权威所发出的命令的反应。那个高级权威是什么则并不总是清楚知道的。有人认为是上帝，有人认为是他们的良心，或他们心中的恶魔，或是他们心中的道德规律。显然，这些都是图像语言的解释。从心理上说，道德命令可以被描述成为由一种义务感伴随的一种意愿动作，这我们认为可以[285]适用于我们自己亦可适用于别人。因此，我们认为尽可能支援困乏者是我们的义务，也是每一个人的义务。除了道德意愿目的之外，其他意愿目的都不伴随着义务感。如果一个人想要成为工程师，他通常都不会感到必须作出达到这一目的的决定，他也不希望所有其他的人都有与他一样的目的。使道德命令与其他命令有所区别的就是这种普遍义务感。

　　我们怎么来解释道德意愿是作为第二意愿、作为一种义务的表示呈现于我们之前的这一事实呢？我认为，可以作出解释是，这些意愿是由我们所属的社会集团加在我们身上的，换言之，它们本来是集团意愿。这个根源说明了它们的超个人权威，说明了我们作出道德决定时所怀的服从感。从心理学上说，这个根源是可理解的。不准盗窃，不准杀人等律法是保存集体所必须强制施行的律法。一代一代过去，个体就为这些律法所约制；在我们自己的教育中我们就处在这样一种约制过程之下了。因此，我们感到自己处在道德命令的接受方面，那就不足为奇了；事实上我们就是如此。如果义务感被视为道德目的的特殊表征,这种见解也不过是反映了这样一个事实,即道德目的是强制地灌注进我们心中的,不论是由父亲或教师的权威或是由我们生活于其中的集团的压力所灌注的。

如果伦理的本原是社会的,那么怎么可能有反社会的伦理呢?

[286] 一种我们视为反社会的伦理也仍旧可以是集团的伦理。例如罪犯们就有他们自己的集团的伦理;在他们的集团里他们不盗窃、不杀人,但他们把他们的集团与我们称为文明社会的较大集团对立起来,并蔑视对于这一较大集团的一切道德义务。中学里某一班的学生可能把他们那一个班视为与教师对立的集团,认为欺骗他和作弄他是他们的道德权利。相反地,也有一些受学生非常尊重、也很少受欺骗的教师;这种教师已使他的学生们把他容纳在他们的集团里了。工人阶级有它自己的伦理;大资本家阶级或尚未消灭封建残余的国家里的贵族阶级也有它自己的伦理。甚至纳粹的伦理也是一种集团伦理,杜撰出来迎合所谓主人种族的需要的。尼采的超人或马基雅维利的君主的完全个人主义的伦理是一个极端的例子,在其中,一切道德权利都只为一个人所享有。这些伦理体系除了在纸上是从来也没有为人实行过的。这些伦理体系是一种奇怪的混合物,心理上从集团意志中推导出来的权威被转移到一个人的身上,这一个人则被视为他的意志必须受到尊重的唯一的一个个体。

我们的社会政治生活的伦理是许多不同阶层的集团伦理的凝集。各个民族国家都是由一些小国的联合和一些社会集团的交混而成长起来的;它们承袭了以前时代的道德规条,尤其是通过成文法律而承袭下来,这些道德规条把罗马人、封建时代和基督教会的各种道德体系永久化了。因此,结果不会有首尾一贯的体系是不足为奇的。顺从的市民企图满足一个民族国家社会的一切道德规条时,他就会发现他自己遭遇到伦理上的冲突。他应该援助穷人呢还是用长袖善舞的买卖来剥取他们的铜币？他应该设法抑制罢[287]工行为呢还是支持工人作改善经济条件的斗争以为全民族谋福利？他应该主张言论自由呢还是支持一个不容忍在大学里讲授达尔文的进化论的国家的政府？他应尊崇圣经的教义呢还是要求把写作圣经的民族的后裔从公职中排除出去？他应该主张所有种族都具平等权利呢还是拥护对皮肤里色素丰富的公共车辆乘客进行隔离的规章？从今天社会里的混乱的道德规条里辨明正确的方向真不是一件容易的事。

那么,哪里有可以回答我们的全部问题的伦理学呢？哲学能提供这样一个体系吗？

它不能。这是我们应该坦白作出的回答。哲学家们想把伦理学作成为一个知识体系的企图,已全部失败了。这样建立起来的道德体系不是别的,只是某些社会集团的伦理学的复制而已;这是希腊资产阶级社会、天主教会、前工业时代的中产阶级、工业时代和无产阶级的伦理学而已。我们知道,为什么这些体系必然崩溃;那是因为知识不能提供指令。想寻求伦理规条的人必定不可以模仿科学方法。科学告诉我们是什么,而不是应是什么。

这是否意味着听天由命呢？这是否意味着没有道德指令,每一个人都可以为所欲为呢？

我并不认为如此。我认为,作出结论说:如果伦理学不可以得到客观证明,那么每一个人都可以为所欲为,那就是对于道德指令的性质的一种误解。

为了要探讨这个问题,我们就要详细研究一下道德指令的意志性质,对"他应该"这个短语作一次语法分析;这个短语是可以视为一个道德指令的语法形式的。(为了我们的目的,这个短语可以被视为与"他一定将"和"他应该"等短语是同义的。)我们看到,这个短语不能意味着有一条可以导出命令句来的客观道德规律。那么,它所意味的是什么呢?

这个短语只可以有两种不同的意义。

第一种是一种**蕴涵性的意义**:我们知道,所说到的这个人已抱有某种目的,我们想说,这个目的蕴涵着被考虑到的行动。例如,我们说"彼得不应该抽烟",意味着从健康的目的出发,由于彼得的生理状态,并使用生理学的规律,可以推导出来他不应抽烟。换言之,不抽烟的决定是由要健康地活下去的决定所带出来的;因此这可以称为**连带决定**。对于连带决定的义务是属于蕴涵型的,因此它不是一种道德义务,而是一种逻辑义务。

第二种是说话者方面的**主观命令**的意义,我这个说话者愿意他做这事或那事。按照这一解释,道德指令包含着一种不可或缺的对于说话者的牵涉;它们是说话者的意志决定的表达。如果假设了这种见解,那么就不可能把说话者从道德指令的意义中消除掉了;"他应该"这个短语以隐蔽形式包含着"我要"这一短语,这样我们就达到了一种**意志伦理**。

这种见解的逻辑本质可以分析如下。使用"他不应该说谎"或"说谎是道德上的丑行"之类的话,乃是一种伪客观的说话方式;所

〔288〕

表达出来的东西实际上是说话者的态度。"他应该"这个短语可以与"我"、"现在"等词相比,那些词项牵涉到说话者或说话的动作,〔289〕在不同的嘴里表示出不同的意义。这种词叫做**代号自复词**。"代号"一词表示一种记号的个别例子;如果两个人说出同一个词,他们之中的每一个各自说出一个不同的代号或词的例子。不同的代号通常有同一意义。然而,如果是代号自复词,那么每一个代号就各有一个不同的意义。如果两个人都说"富兰克林 D.罗斯福总统",那两个代号指的是同一个人。但如果两个人都说"我",那么那两个符号所指的是不同的人。"自复"一词表示对于代号的这一方面意义。①

蕴涵意义和代号自复意义都是被使用着的。但"他应该"这一短语的蕴涵意义不能用作为道德前提或道德公理,因为这些前提并不表示蕴涵,而是指令。因此,它们把"他应该"这个短语包含在一种代号自复意义中。这一短语的意义通过推导而从前提移转给每一个伦理规条。为了理解这种移转,我们可以思考一下认识范围中的推导过程;这种推导把前提中的真理移转到结论中去。如果前提并非确认了的,结论也就不能被确认。同样,如果伦理前提不被作为指令而提出来,即是,不具有一个非蕴涵句、从而不具有"他应该"的代号自复句的意义,那么伦理结论也不能具有指令的性质。

"他应该"的两种意义有时也可能是结合着的;那么,一个蕴涵

---

①　对于代号自复词的进一步讨论,请参阅著者的《符号逻辑基本原理》(纽约,1947 年版),第 284 页。由于命令句都是代号自复句,它们与它们的认识相关物并非等价的;两句相同的命令句,出于两个不同的人之口,就具有不同的认识相关物。

〔290〕的"应该"是被确认了的,它关系到一个以代号自复的"他应该"而提出来的前提。这种双重意义必须清楚地认清。那么,蕴涵的"应该"就假设着一种道德含义;但是,它之所以有道德含义只因为,作为被说及的人的前提而假设的指令是说话者所主张的一个道德命令。因此,我们说"总统应该把我国向那些政治流亡者开放",所意味的是:从援助政治流亡者这一目的出发(我们知道总统是遵循这一目的的,而且这也是我们所支持的),可以推导出,让他们移居到我国来是达到这一目的的唯一可行办法。因此,蕴涵意义的"应该"中的道德含义就可以归结为在意愿意义中"应该"一词的使用。如果指令并不包括说话者在内,"他应该"就会失去道德性质。这样,我们说"希特勒不应该攻占巴黎而应该侵入英国"。这我们意味着,侵入英国是对希特勒有利的,这样所意味的就是一个蕴涵性的义务;由于我们并不和希特勒共有一个目的,"应该"这词就不作为道德命令而使用了。这个例子说明,与说话者的关系是与"他应该"这个短语的道德意味不可分的的条件。认清"他应该"这个短语在其道德意义中是一个代号自复词,这是对伦理学进行科学分析的不可或缺的基础。

　　为了要避免伦理学用语的主观处理,对于"他应该"这个短语有时可作第三种解释。按照这种解释,这个短语等于是意味着"集团想要他做某事"。这个意义消除了道德义务中的主观性。然而,这个解释是不能成立的。当集团被涉及时,我们也只在"他应该"〔291〕这个短语的意义可以归结为前面两种解释之一而使用它。第一,当行动是依照所涉及的人的意志而进行,而这个人的利益又要求他尊重集团意志的时候,我们就使用这个短语,这时这个短语就具有第一个解释的蕴涵意义。其次，如果我们是在我们跟集团意志是一致的时候使用这个短语，那么只在这一情况下，这个短语才被意味为表达一种道德义务。例如，如果一个罪犯出卖了他的同谋者，我们知道，他的集团是要谴责这种行为的；因此，集团中一个成员就会说"他不应该说出来"。当**我们**说出这句话时，我们可以是使用着蕴涵的"应该"，表达这样一个意见：那个罪犯不说，对他自己是有利的，因为他如说了，也许会遭遇到集团的报复。然而，如果我们以道德判断的意义说出这句话，我们想说的是，我们认为保护集团是这个人的道德义务；那么，这个短语是代号自复的，也就包含着说话者意志的表达。

我们达到了这样一个结论：道德指令是意愿性质的，它们所表达的是说话者方面的意愿决定。这个结论在初看之下似乎是令人失望的；好像我们已不再有任何坚实的基础来建立我们的意愿了。然而，为了要感到必须遵照命令、为了要求别人也遵照这同一命令，我们是否必需处在这个命令的接受方面呢？被哲学家误解为一种认识上的必需的类似物，误解为一种理性规律或一种对于理念世界的了悟的强迫要求的，就是从一种集团意志的接受方面所产生的义务感。我们既已发现这种类比是站不住的，义务感是不能被变成伦理学有效性的泉源的，那么让我们赶快把这个义务感忘掉吧。让我们丢掉以前需要的拐杖，让我们用自己的腿站住，信任我们的意愿，但这并不因为我们的意愿是第二性的，而是因为它们是我们自己的意愿。只有一种被歪曲了的道德学才会论证说，我们的意志如果不是对于另一来源的命令的反应，那么便是恶的。

你会反驳说："如果道德指令是意愿的决定，那么每一个人定出他自己的道德指令来,就似乎是可允许的了。那么,某一个人怎么又能要求别人遵照他的指令呢?你呼吁我们信任我们自己的意愿,而不要感到我们自己是处在一个命令的接受方面;而同时,你又要求每一个人有权利定出给别人的命令来。这不是自相矛盾吗?对于命令句所作出的意愿解释似乎会导致这样一个结论:每一个人都可以为所欲为,也就是导致无政府主义。"

让我们先来研究一下在你上面的陈述中表达出来的推论。假设我定出一个命令,要某一个人以某一方式行动。你就会反驳:"不行,他可以做他要做的事。"显然,你的反驳中"可以做"这个短语是与我的命令对立的;你想说,虽然我有权利制定我自己的命令,但我没有权利制定普遍的义务,即对别人的命令。"某先生没有权利"这句话并不是一句认识句子;这是一句命令句,它意味着"某先生不应做某事"。因此,你是用一句命令句来回答我的;你命令我不应制定对别人的命令。你的命令是以什么理由为根据的呢?你用你的意志来反对我的意志;我可并不认为我应该承认你的意志而放弃对别人制定指令。

你的推论所提供的问题是一个重要的问题,值得来作一次仔细的考察。让我们先考虑"每一个人有权利"这个短句。这句话可〔293〕以意味为,第一,法律当局并不限制任何人的活动。这是一个认识陈述,但这并不是你用你的结论所意味的东西。为了把我的论点说清楚,让我们把这个短句的假设意义插入整个陈述中。"如果一个道德指令是一种意愿决定,那么法律当局就不会限制任何人的行动"这一陈述的真理性是成问题的,并且也不是你想说的话。其次,"每一个人有权利"这个短句可以意味为没有一个人的活动应该受到限制。"应该"一词表示着一个命令；按照前面的分析，它可以有两种意义。第一个意义是说话者所作出的命令的意义，这说话者就是你；那么你的句子就意味着："如果一个道德指令是一种意愿决定，那么我坚持认为对于任何人的活动不能加以限制。"如果这是你想说的意思，你并未建立一个逻辑关系，而只是表示了你自己的意愿，因此并未能作出一个推论。"应该"的第二种意义是逻辑蕴涵的意义，它导致对于被说及的人的一个可推导出来的命令。这样，你所意味的就是："如果一个人坚持主张道德指令是一种意愿决定的原则，那么，他也就坚持主张对于任何人的活动不能加以限制的命令。"但那是一个有效推论吗？我看不出这样一个结论怎么能逻辑地被推导出来，因为，一个人要达到某些目的，同时也要别人在那些与这些目的相违反的活动中受到限制，那是完全合情合理的。

让我把前面这个陈述用有些不同的方式陈述出来。你想证明，从逻辑上说我应该作出必然得出的决定："没有一个人的活动是应受限制的。"如果这是一个可推导出来的命令，那它必然是从另一些命令句中推导出来的。但迄今为止我未尝说出过任何命令句。我只是提出了一个认识陈述，即道德指令是一种意愿决定。〔294〕从这个认识陈述中你不能推导出任何命令句来。你可以从别的命令句，或从与认识句相结合的命令句，推导出命令句来，但不能单独从认识句中推导出命令句来。因此，你的推论是无效的。

你看到，关于道德指令的意愿解释并不导致说话者应允许每一个人有权利照他自己的决定行事的结论；即是，它并不导致无政府主义。如果我定出一些意愿目的，并要求所有的人都照着这些目的行事,那你只能定出另外一个命令,例如"每一个人都有权利为所欲为"的无政府主义的命令来跟我的论证相对抗。然而,你不能证明,我的意愿伦理体系是自相矛盾的,不能证明逻辑会迫使我允许每一个人有权利为所欲为。逻辑并不迫使我做任何事。我制定的指令也不是我的伦理学见解的结论;逻辑也未告诉我,我应把哪些命令视为一切人必须遵行的。我制定着作为我的意愿的我的命令,个人指令和道德指令之间的区别也是我的意愿问题。你应该记得,后一种指令就是我视为集团所必需、我要求每一个人遵行的那些指令。

　　现在你完全没有办法了。你会反驳说:"从逻辑上说,也许你说的是对的;但是难道你真的认为——你,一本关于科学哲学的书的著者——你是有资格对全世界发出道德指令的人吗? 我们为什么要听从你呢?"

　　朋友,我感到遗憾。我并不是故意要造成这种印象。我是在找寻真理的途径;但是,就由于这一缘故,我不想给予你道德指令,就本性而论,道德指令不能够是真的。我有我的道德指令,那是真的。但我不会在这里把它们写下来。我不想讨论道德问题,而是想讨论道德的本性。我甚至有一些基本的道德指令,这些指令我想是与你的道德指令不会有这么大差别的。我们,你和我,是同一个社会的产物。所以我们生来都浸透了民主的本质。我们可以在许多方面有分歧,也许是关于国家是否应该拥有生产手段的问题,离婚法是否应订得较容易些,是否应建立一个世界政府来控制原子弹的问题等等。但是,如果我们二人都同意我提出来和你的无政府主义原则相对抗的下列民主原则:"**每一个人都有权利制定他**

**自己的道德命令,并要求人人遵奉这些命令。"** 我们是可以来讨论这些问题的。

这个民主原则对于我要每一个人信任他自己的意愿的呼吁作了精确的表述,我这个呼吁即是你认为与我的那个每一个人可以对别人制定命令的要求相矛盾的。现在让我来证明,这个原则并非自相矛盾的。例如,假设我制定了这样一条命令:如果一幢房屋里在每人一间房间之外还有余,那么所余的房间应让没有自己的房间的人来享用;你则制定了那样一条命令:不得强迫任何人出让房屋给别人。你的房屋里有一间多余的房间,我就要求你把它让给缺房住的人;如果我有力量通过政府的权威强制执行我的要求,例如通过投票表决把我的规条作成为法律,我就将可以做到这点。然而,我仍旧让你拥有要求取消这种法律的权利。因此,行动的权利和要求某种行动的权利之间的差异就使我的原则避免了自相矛盾。我要求你以某种方式行动,然而我并不要求你放弃你的与此相反的要求。这是良好的民主;而事实上,这也合乎意愿差异在民主制度中进行竞争的实际程序的。[296]

我并不是从纯粹理性中推导出我的原则的。我也并不把它说成为一种哲学的结论。我只是在表述一个原则,这个原则是各个民主国家中全部政治生活的基础,我也知道,我拥护这一原则也就是在显示我自己是我的时代的产物。但我发现,这个原则给了我机会让我去宣扬我的意愿,并让我充分地按照我的意愿行事;因此我把它作成为我的道德命令。我并不要求它应用于一切社会形式;如果作为民主社会产物的我身处在一个不同的社会里,我可能会愿意修改我的原则。但是,现在让我们来考察一下这个对我们的社会似乎是最适合的原则吧。

　　这个原则不是一种伦理学说,能回答一切我们应怎么做的问题。它只是一种邀请,请人积极参加意见的斗争。意愿的差异不能乞援于由一些有学问的人建立的伦理体系来解决;它们只能通过意见的冲突,通过个体与他的环境的摩擦,通过论争和情况的强制来克服。道德的评价是在从事各种活动中形成的;我们行动,我们反省我们做过的事,我们跟别人谈论它,于是再行动,这次就在我们认为是较好的方式中行动了。我们的行动是对我们所要的东西的探寻,我们从错误中学习,我们常常要到我们已完成了行动之后才知道这事我们是否要做。意愿目的通常不是在我们明白看清它时在我们心中发生的,而是更常常地组成着我们的态度的下意识的或半意识的背景;至于确实清楚、明亮地呈现的东西,则像给我们指路的星一样,常常在达到之后就失去它们的全部吸引力了。

　　因此,凡是想研究伦理学的人,都不应该去找哲学家,而应该到道德问题发生争执的地方去,他应生活在这样一个集团里面,在那里由于互相竞争的意愿而使生活成为生动活泼的,无论这个集团是一个政党也好、一个职业工会也好、一个专业组织也好、一个滑雪俱乐部也好、由于共同研究而在教室中组成的小组也好。在那里他将经验到,使他的意愿与别人发生冲突所意味的是什么以及使自己适应集团意志所意味的是什么。如果伦理学就是求得意愿的实现,那么它也是通过一个集团环境对意愿的约制。个人主义的鼓吹者如果忽视了由于隶属一个集团而产生的意愿满足,那他就是目光短浅的。至于我们把通过集团来约制意愿视为有用的办法还是危险的办法,那就依赖于我们是支持还是反对集团了;但我们必须承认，这种集团影响是存在的。

那么，意愿怎么在集团中得到修改和协调呢？约制意愿是怎样一种过程呢？

不能怀疑，这种过程在很大程度上就是对于各种认识关系的学习。前面我已说过，命令之间的蕴涵是可以得到逻辑证明的。这种蕴涵所起的作用要比通常所设想的大得多。关于我们的各种目的间的关系，我们常常了解错。如果有些基本目的是一样的，那么道德问题就只有很少一些可以变换为逻辑问题了，例如，我们一经承认每一个公民应保证获得一个最低限度的适当生活条件这一目的，那么私有财产是否是神圣的问题就不再是一个道德问题了。于是，这个目的通过私有经济来达到好呢还是通过国家占有生产[298]资料的办法来达到好，就是一个社会学分析问题了。这个问题的困难在于社会学这门科学的不完善状态，它不能向我们作出一些可与物理学作出的答案相比的毫不含糊的答案。在民主制的拥护者之间，大多数政治问题都可以化为认识论争。因此，我们的希望是，这些问题都将通过公开讨论和和平实验来解决，而不是通过战争的手段来解决。

我们遇到的大多数意愿决定都是一些附随的决定，即是，由我们给自己制定的更基本目的所牵带出来的决定，因此，认识上的澄清对于道德问题就有那么大的重要性。在政治问题之外，我们还可以举出教育、健康、性生活、民法、刑法、罪犯惩处等方面的问题。因此，一个判决了的罪犯是否应送进监狱里去这问题，对于所有那些同意国家司法系统应努力制造出尽可能多的与社会协调的公民的人，就不是一个道德问题而是一个心理学问题。因为，从监狱里释放出去的人情形常常与这一目的正好相反这一事实,已有太多的经验予以证实了。

　　然而,即使在认识上的澄清已获致时,仍难于改变意愿态度,这就是一个心理学事实了。我们可以知道,由于我们要达到某一基本目的,我们就必须接受某一其他决定,但我们仍不大肯那样做。这样,我可以相信一个罪犯不应受惩罚,而应被放进一个使他有可能改善的环境里去;然而,我们仍旧可以难于克服贯彻在我们那么许多关于罪犯的法规中的对惩罚的要求、报复的愿欲。还有,两性关系的伦理中也充斥着许多禁忌,使人极端地难于克服各种习惯上的偏见,即使在心理学方面的考虑已经证明,如果我们要想有较幸福、较健康的男人和女人,我们必须改变我们的某些传统评价。在所有这些情况中,认识上的结论得有我们的意愿态度的改善来支持。是在这一方面,通过集团所完成的教育起着一种不可或缺的作用。只有通过在一个实现新评价的环境中生活,我们才会真正知道我们是能够接受这些新评价的,我们也才能真正获致那种力量,决心要去取得逻辑推导已给我们证明出是我们的基本目的的结果的东西。意愿态度的心理并不能由逻辑论证解决;逻辑与集团影响的结合才能帮助我们组织我们的意愿形式。

　　一切道德问题是否都可以通过化为共同的基本目的而得到回答呢?我们都是人这一事实肯定了这一假设,因为,人与人之间的各种心理类似包含着意愿目的的类似这句话看来是可以成立的。一些其他的事实则否定着这一假设,因为,某些集团,如封建国家里的贵族、资本主义国家里的资本家、控制着一党极权国家的党员,通过保持他们的阶级特权而享有着确定的利益。

我认为,对这个问题的回答不是那么太重要的。我们看到,对于目的之间的蕴涵的知识,**其本身**并不能改变意愿态度;即是说,如果这种知识应导致对决定进行修改,那就必须同时对于意愿进行约制。如果这种约制是必需的也是可能的,那么,它涉及的是基本决定呢还是伴随的决定,就不很重要了。就是基本意愿也是可〔300〕以处在集团影响之下的,它会在具体证明有其他各种意愿及其后果存在的环境的暗示力之下发生改变。

对于集团的必需作这种调整,常常由于坚持一种绝对伦理学而发生困难。一个人如果被教导成坚信道德规条系由绝对真理构成的理论,那就会严重地阻碍他放弃这些规定,他可以在集团的约制之下始终不能改善。反之,一个人如果知道道德规条是带有意愿性质的,那么当他看到不改变就不能和旁人相处下去时,他就会很快地在某种程度上改变他的目标。把自己的目标改变得适应于旁人的目标,这是社会教育的要点。幼稚的自我主义如果采取与别人的自我主义反对的架势,它就会遭遇到阻抗,这时这个自我主义者就立刻会发觉,与集团合作他才能较顺利地过下去。社会合作的代价和获得比起固执拒绝放弃自己的目标来,可以提供深刻得多的满足。因此,在伦理学方面受过经验论处理方法教育的人,比起绝对主义者来,就较易于成为一个协调的社会成员。

这并不意味着经验论者是一个容易妥协的人。他虽然愿意从集团那里学习许多东西,但他也准备着引导集团朝他自己的意愿走。他知道,社会的进步常常**依靠比集团更有力的个人坚持努力**;他将努力设法,并且一试再试,尽他所能地改造集团。集团和个体之间的交互作用对于个体和对于集团是都有所影响的。

　　这样,人类社会的伦理方向就是一种互相调整的产物。各种不同目标之间的关系的认识只在这一过程中起一种有限的作用。〔301〕较大一部分作用是非认识性的心理影响,这种影响从个体发射到其他个体,从个体发射到集团,也从集团发射到个体。不同意愿之间的摩擦是一切伦理发展的推进力。因此,可以承认,如果力量是用肯定自己的意愿以反对别人的意愿的任何成功形式来计量,那么力量在改变道德评价中是起着主导作用的。力量这个词的最广义意义并不只限于指武装力量。其他力量形式可以同等地、甚至更加有效:社会组织的力量,一个发现了本身的共同利益的社会阶级的力量,合作集团的力量,语言文字的力量,通过杰出行为的显示而塑造着一个集团的形式的个体的力量。总之,是力量在控制着社会关系。

　　我们不应该犯这样的谬误,即相信争夺力量的斗争是由一个把它导向最终地善的结局的超人类的权威所控制着的;我们也不应该犯那种与之互相补充的谬误,即相信善应定义为最有力量的东西。我们已见过太多的我们认为是不道德的胜利,太多的卑微的和阶级自私的成功。我们在努力去达到我们自己的意愿目的,但并不是怀着绝对真理的先知的那种狂热而努力着,而是怀着那种信任自己的意志的人的坚定心。我们不知道是否会达到目的。像预言未来的问题一样,道德行动的问题也不能由构造一些保证成功的规则来解决。世界上没有这种规则。

　　世界上也没有我们可以用来发现宇宙的目的或意义的规条。〔302〕有的只是某种希望,人类历史将是进步的,并将引导到一个调制得较好的人类社会,尽管也存在着与此相反的种种倾向。相信物理宇宙是按照人所认为的那样进步的,那是荒谬的。宇宙所遵奉的是物理学的规律,而不是道德命令。我已能相当程度地利用物理规律为我们自己取得好处。有一天我们将控制宇宙的更大部分,那也不是不可能的,虽然也不太可能。最可能的是,人类最终将与在上面开始它的生命的这个行星一同死灭。

如果有一个哲学家跑来对你说,他已找到了最终真理,那你千万别相信他,如果他告诉你,他知道终极的善,或已得到证明,善必将成为现实,那也别相信他。这个人只是在重复他的前人犯了两千年的错误。现在是把这种牌子的哲学作一个结束的时候了。请哲学家像科学家一样地谦逊,那么他才会像科学家一样地获得成就。千万别问哲学家,你应该怎么办。用你的耳朵倾听你自己的意志说什么,并努力设法把你的意志和别人的意志结合起来。世界只有你自己加在里面的目的和意义,此外是再没有旁的目的或意义了。

# 18. 旧哲学和新哲学:一个比较 〔303〕

我想综述一下从对科学进行分析所发展出来的哲学结论,并把这些结论和思辨哲学所发展的种种见解比较一下。

思辨哲学努力想获致一种关于普遍性的、关于支配宇宙的最普遍原则的知识。这样它就被导致去构造一些哲学体系,在这些体系中包含着那样一些章节,那我们今天必须认为是想建立一种包罗一切的物理学的幼稚企图,在这种物理学里是以简单的类比法和日常生活经验来代替科学解释的功能的。它企图用一种类似类比法的方法来说明知识方法;知识论的问题则用图像语言而不是用逻辑分析来回答。科学哲学则与此相反,把宇宙的解释完全留给科学家去做;它用对科学的结果进行分析的办法建立着知识论,同时也知道,宇宙的物理学和原子的物理学都不是通过从日常生活中推导出来的概念所能理解的。

〔304〕思辨哲学要的是绝对的确定性。如果说预言个别事件是不可能的,那么,支配着一切事件的普遍规律至少应被视为是知识所能知道的;这些规律应该可以用理性的力量推导出来。理性,宇宙的立法者,把一切事物的内在性质显示给人的思维——这种论纲就是一切思辨哲学的基础。科学哲学则与此相反,它拒绝承认任何关于物理世界的知识是绝对确定的。无论是个别事件,无论是控制着个别事件的规律,都不能确定地被陈述。逻辑和数学的原理是可以获得确定性的唯一领域;但这些原理是分析的,因此也是空洞的。确定性与空洞是不可分的;综合先天真理是没有的。

思辨哲学竭力想用它建立绝对知识的同样方法去建立道德指令。理性被认为是道德规律也是认识规律的立法者;伦理规条须由洞见的行为来发现,一如揭示出宇宙的终极法则的洞见一样。科学哲学已完全放弃了提出道德规条的打算。它认为道德目的是意愿行为的产物,而不是认识的产物;只有目的与目的之间或目的与手段之间的关系才是认识性知识所能获知的。基本的伦理规条通过知识来证明其为正当,而只因为人类要这些规条并要别人遵守这些规定而被人所固守。意愿不能由认识推导出来。人的意志是它自己的祖先,也是它自己的裁判者。

这就是新旧哲学比较的对照表。现代哲学家舍弃了许多东西；但他也获得了许多。在实验基础上建立的科学和单从理性推导出来的科学之间是多么不同啊！科学家的预言虽然是不确定〔305〕的，比起自称直接领悟了宇宙的终极规律的哲学家的预言来，是可靠多少啊！当较旧的伦理体系所不能预见的新的社会条件产生时，不受被称为是由一个较高的权威所规定的规条所束缚的那一种伦理学是更高超多少啊！

然而，仍旧还有一些哲学家不肯承认科学哲学是哲学；这些哲学家想把科学哲学的结论装进一篇科学绪论里去，而主张有一种独立的哲学存在着，这种哲学与科学研究无涉，并且是可以直接通到真理去的。我认为，这种主张暴露了批判的判断力的缺乏。没看见传统哲学的错误的那些人不想放弃传统哲学的方法和结论，宁愿走科学哲学放弃掉的道路。他们珍藏着哲学这个名称，为了要进行他们的想获致超科学知识的错误企图，同时也就拒绝承认按照科学研究的模式设计出来的分析方法是哲学方法而予以接受。

科学哲学所需要的是重新确定哲学愿望的方向。除非思辨哲学的目的被认清是不可达到的，科学哲学的成就就不能被理解。图像语言是诗人的自然表达方式；但哲学家就必定得放弃使用暗示图像来作解释，如果他想理解科学哲学的话。想获得绝对确定性的愿望也许会使我们视为是一种值得赞美的壮举的目的，但科学哲学家必须避免把有条件的习惯视为理性的公设的错误，并须懂得，为了回答一切可以合理地问询的问题，概率性的知识是一个够坚实的基础。想通过道德认识来建立道德指令的愿望似乎是可以理解的；但科学哲学家必须先来研究错误地引导别人把道德了解为经由领悟到一个较高的世界而获致的一种知识形式的那种道〔306〕

德指导。真理来自外部：观察物理客体使我们知道什么是真的。但伦理来自内部：它所表述的是一个"我要"，而不是一个"有"。这就是要求于科学哲学家的重新确定哲学愿望的方向。能够控制自己的愿欲的那些人将会发现，他们所获得的要比他们失去的多得多。

　　事实上，如果与传统的各种哲学体系比一比，这种获得是惊人的。让我再着重申说一遍，我绝不是要否认这些体系的历史价值。从最初看到一个问题到清楚地表述出来，需要经过一段漫长的途程，到它的解决就还有一段长途了。我们今天的许多解答都可以溯源于一些古代哲学家的类比说法和图像语言。但是，对于批判地理解哲学来说，没有比把那些图像语言和类比说法视为对于现代发现的预见更危险的了。最初看到一个问题，往往是出于素朴的惊讶，而不是出于对于它的深远的蕴涵的领悟。投入于导致现代解答的发展的劳动和智巧可以像开始这一发展的那些人的贡献一样大，甚至大得多。对古人的适当尊敬不应使我们看不见我们自己时代的成就。要在传统哲学遗留给我们的那些含混概念和独断言论中发现少数几个真问题，是需要有独立的判断和尖锐的批判力的。只有透彻理解现代科学方法才能使一个哲学家具备能解答那些问题的工具。

　　本书已努力就现代科学哲学对自从在希腊思想中开始以来一[307]直在传统哲学中占一席地位的各种问题所作的答案作了说明。如对于几何知识起源的问题，对经验的物理几何学和分析的数学几何学之间加以区别而作了回答。对于一切物理事件的因果性和普遍决定性的问题，则作了否定的回答：因果性是一种经验规律，只对宏观客体有效,在原子领域中就失效了。如实体和物质的本性问题,这是用波粒二重性来回答的,波粒二重性的见解是比一切哲学体系中发展出来的任何虚构都更为令人惊异。如进化的控制原则问题,这个原则是在与因果律相结合的统计选择中发现的。如逻辑的本性问题,这门学科被证明为是一个语言规律系统,并不能限定任何可能的经验,因此也不能表述物理世界的任何属性。如预言知识的问题,通过一种概率和归纳的理论而作出回答,按这种理论说来,预言是一些假定,是预言未来(如果这种预言是可能的话)时所能采用的最佳工具。如外部世界和人类思维的存在问题,这被发现是一个正确使用语言的问题,而不是什么"超越的实在"的问题。还有如伦理学的本性问题,这个问题经由对目的和目的与目的间的蕴涵加以区别而作了回答,这个回答认为,只有这些蕴涵才能够达到认识判断,并须把意愿决定的地位留给第一目的。

这是一组用一种像科学方法一样精确可靠的哲学方法建立起来的哲学结论。当现代经验论者受人之请,提供科学哲学比哲学 [308] 思辨高超的证明时,他就可以举出这些结论来。这里是一些哲学知识的累积。哲学不再是企图用图像语言和冗长的伪逻辑形式来"说不可说的东西"而一无所成的人们的历史了。哲学是人类思想一切形式的逻辑分析;它应说的话都能用明白的用语来陈述,再没有什么"不可说的东西"是它不得不对之举手认输的了。哲学就其方法而论已是科学的了;它收集起可以得到证明、并为那些在逻辑和科学方面受过充分训练的人们同意的结论。如果它还含有可争论的未解决问题,那么也很有希望用那些给其他问题找到今天为人公认的解答的同样方法来求得解答。

　　给旧哲学和新哲学划一张对照表时,令人吃惊的事实是,对于新哲学方法和其结论还有这末多的反对意见。我想来讨论这种反对意见的一些可能心理原因。

　　第一种原因是,为了要理解这种新哲学,先得进行很多技术工作。旧派的哲学家通常总是受有文史方面训练的人,他从来没有学习过数理科学的精密方法,也未经验过通过证实一条自然规律的一切结果而证明这条规律的愉快。我们的高级中学教育只把人带到数学和各门科学的门前为止,一个人如果从来没有看到过知识的最成功形式,他怎么能对知识理论作出判断来呢?

　　通常的反对论证是,科学哲学过于面向着数理科学,对于社会[309]和历史科学是不够公平的。这个论证只是误解科学哲学的纲领的一个新证据而已。用类似在自然科学方面运用、并得到那样成功的哲学方法来处理社会科学的任何企图,科学哲学家是对之表示欢迎的。他所拒绝接受的是在社会科学和自然科学之间划一条界线,并宣称像解释、科学规律、时间等基本概念在这两个范域里有不同的意义的哲学。实际上,在物理学中所进行的因果性分析使那门科学从所未有地接近了社会学;认清物理规律是概率蕴涵而不是理性的吩咐之后,想必可以鼓励社会学家制定出一些规律来,虽然他的规律是只在大多数实例中生效。社会条件的极端复杂性,使得社会学规律无从在一个理想情况中实现,这使人联想到气象学这门物理科学的同样情况。虽然严格的气象预测是不可能的,但没有一个物理学家怀疑气候是由热力学和气体力学的规律所控制的。预测政治气候固然困难,社会学家为什么必须拒绝相信有社会学规律存在呢?

　　说社会学事件是独特的、永不重复的这个论证之所以垮了台，是因为物理学事件的情形同样如此的。一天的气候从来也不会和另一天一样。一块木头的状态从来也不会和任何另外一块一样。科学家把个别情况纳入于一个类，并在寻找至少在大量情况中控〔310〕制着种种不同的独特的情况的规律，而克服着这些困难。社会学家为什么不能这样做呢？

　　说社会科学和自然科学之间存在一道不可逾越的鸿沟的论点很像是这样一种企图，这种企图想在社会科学的哲学里给畏惧逻辑和数学技术的哲学家创造一个保留条件；但没有逻辑和数学技术是不能建立起知识理论来的。幸亏，也存在着另外一群社会科学家，他们在无法弄清楚他们的科学的方法时向科学哲学求助，他们已看到，在构造成功一种社会科学的哲学之前，先要做许多清理工作。我愿意在这里表示一下我的期望，将来的科学哲学将会从一切知识部门中吸引那些曾经从他们的专门领域的探究转向哲学探究的人们。

　　更由于另外一些原因，对于非数学科学方面的无成见的合作者的帮助也是欢迎的。虽然数学和逻辑研究对于建立新哲学有伟大贡献，但这种研究工作本身并不一定与批判的哲学态度相联系。有些数学家，甚至数理逻辑家，他们从来也不感到有必要把他们的方法的精密性推广到经验知识的逻辑分析中去，他们之中有一些则相信如果要作任何这种推广，那就得乞请一种超经验的了悟来作为补助，那种了悟就是对于非分析的绝对真理的了悟。他们把哲学看作是一种猜测，是永远达不到重要的结果的；他们或者认为，对于常识的确信乃是哲学的不可避免的先决条件，否认有批判

〔311〕　　这种确信的可能性；他们或是相信，思辨哲学家的含混和玄妙的语言是处理哲学问题的仅有手段。数学训练并不是理解现代知识理论的问题和方法的保证，即使问题已被看出时，也仍旧可以有人在那些为古老的传统所称颂的，我们的大学生在科学训练的形成年代中通常不知道对之进行批判的道路上去寻找解答。

　　旧哲学和新哲学之间的界线并未把数学与思辨哲学划分开。它所区分开的是：对于自己所说的每一句话都负责的人和用词句来表达直觉的猜度和不作分析的臆测的人，愿意把自己对于知识的见解适应于可获得的知识形式的人和不能放弃对于超经验真理的信仰的人，认为对于知识的分析是可以用逻辑的精密方法作出的人和认为哲学是一个逻辑外的领域，不受逻辑检验所限制，可以取得从使用图像语言和它的感情内涵中产生的满足的人。这两种思想状态形式的区分是新哲学的不可避免的成果。

　　反对科学哲学的第二种可能原因是认为科学哲学家不了解人生的感情方面，逻辑分析剥夺了哲学的感情要素这种看法。许多人学哲学是想寻找启示：他像阅读圣经、阅读莎士比亚一样地阅读柏拉图，当他在哲学课上听到符号逻辑和相对论的阐述时，就感到〔312〕　失望了。对于这样一种态度，我能说的一切就是：要得到启示的人，应去听圣经课或莎士比亚课，而不应该在找不到启示的地方期待找到它。科学哲学家并不想缩小感情的价值，他也不想脱离感情而生活。他的生活可能像任何文学家一样富于热情和感动——但他拒绝把感情和认识混淆起来，而喜欢呼吸逻辑的了悟和深思的纯洁空气。如果我可以作一个较为俗气的比喻，那么，逻辑分析的滋味，就其必须经过学习才能欣赏而言，有点像是牡蛎。但由于吃牡蛎的人总喜欢同时喝一杯酒,学逻辑的人也不必放弃较不逻辑的学科所提供的感情经验的酒。

说数学和逻辑头脑的人不能欣赏艺术价值,乃是无稽之谈。有一位著名的数学家曾编纂过一位抒情诗人的作品;许多著名的物理学家在悠闲的时候拉小提琴;有一位著名的生物学家是画家,他的艺术才能可以在他记录显微镜观察的图画中看出来。艺术和科学并不互相排斥;但也不应把它们等同起来。"真即是美,美即是真"——这是一句美丽的陈述,但并不是真的陈述,因此也就否定了它本身的论旨。

我的论证也会被人批判为文不对题。有人会加以反驳,说科学哲学家的个人态度是不必讨论的,没有人会否认科学哲学家可以有良好的欣赏力,可以富于感情。现在对他提出反对意见来的是说他在他的哲学体系里不容许有艺术和感情的地位。思辨哲学家把艺术放在与科学和道德同等的地位,而给予了艺术一个尊严的位置;他们认为,真、美、善是人类追求和渴望的三缨冠。科学哲学家的王冠似乎只有一缨。他为什么把另外二缨剪掉呢?〔313〕

我要回答,这是因为真与美之间的关系不是一个王冠和尊严的问题。把艺术放在什么地位上,这是一个逻辑问题,因此也是一个涉及真理的问题。这是一个价值论的逻辑性质问题,对它的回答必不能通过价值论而给出。回答是否能满足我们的感情要求,那是与此无涉的。

艺术是感情的表现,即是说,审美对象充当着表现感情状态的符号。艺术家——观看或谛听艺术品的人亦然——把感情意义放入由涂在画布上的油色或乐器所发出的音响所组成的物理客体。

感情意义的符号表现是一个自然的目的,即是说,它代表着我渴望享受的一种价值。评价是人类目的活动的一种普遍特性,因此应该在充分普遍性中研究它的逻辑性质,而不应该局限于只对艺术作分析。

在某种意义上说,人类每一活动都服务于一个目的的追求,不论它是谋生所必需的职业行动,或参加一次借此对某种政治决定出一点力的政治集会,或参观一个美术展览会想在那里通过艺术家的眼睛看到一些风景、肖像或抽象图形,或跳一次舞,享受一下韵律动作和音乐的情欲刺激。然而,在所有这些活动中都有必须作出选择的因素;是在这里,行为显示出评价。评价不一定明白陈述出来,也不一定通过反省和比较而完成;它可以在自发的冲动中,即驱使我们去读一本书、看一个朋友、听一个音乐会等冲动中完成。但在所作的决定中,我们表示了我们的好恶,这样就通过我们的行为而表示出组成我们的行动的背景的评价秩序。

明白作出这种评价秩序的过程,是心理学家研究的题目。他知道,这种秩序并非无论何时都相同的;他知道,好恶是随着当时的情况、环境、年龄而不同的。他能够设法建立一个从目的行为的统计资料中推论出来的通常秩序。他能够把目的行为分为不同种类。这里有对于食物、性、休息的生理要求。这里有对于社会地位、社会影响、以至于社会权力的要求。这里有驱使人写一本书或驱使人给自己的花圃作一围栏的创造冲动。这里有要想玩一次足球或看人玩一次足球的愿欲。这里有能在听一曲弦乐四重奏或观赏一次落日的燃烧色彩中找到的感情表现的要求。这里有能在阅读科学书籍或进行科学实验中得到满足的求知要求。任何这种分

〔314〕

类都是不完善的,建立一个整齐的逻辑秩序的种种企图都会因为不同目的在每一行动中交错而受挫。

然而,有一个共通的东西可以在一切目的活动中指陈出来。对于一个目的作出的决定并不是可与认识真理相比拟的行动。这里可以包含着认识内涵;例如,谋生的目的可能要求对职业上的劳累进行忍受。但是,目的选取并非逻辑行为。这是或带着不可避免冲动的强制性、或带着渴望得到满足的兴奋情绪、或带着不成问题的习惯的毫不勉强自然态度,而在我们心中发生的欲望或意愿的自发肯定。要哲学家证明评价为正当是没有意义的。他也不能提供一个把种种较高价值和较低价值——区分明白的价值等级[315]表。这样一种等级表本身是评价性的,而非认识性的。哲学家作为是一个受过教育的、经验丰富的人,可以能对评价提供良好的意见,即是说,他可能影响别人或多或少地接受他自己的评价表。但是,操其他职业的人在这种教育功能上可以像他一样有能力。如果他们是受过训练的教育家或心理学家,他们甚至可以比他更有资格来担任这事。

科学哲学家并不把评价问题视为与己无关的事;对于他这些问题像对其他任何人一样有关。但他认为这些问题不能用哲学手段来解决。这些问题属于心理学范围,对这些问题的逻辑分析得随同对一般心理学概念作逻辑分析作出来。

反对科学哲学的第三种可能原因是,从它的结论中不能推导出道德指导这一事实。伦理与知识,意愿和认识之间的截然划分把许多学生从科学哲学的课程中吓走了。旧式的哲学家提出一些准则,劝导他如何生活,并答应他,通过对哲学书籍的充分研究,他就会知道什么是善,什么是恶。科学哲学家则非常坦率地告诉他,如果他想知道怎么度过一个善的人生,他没有什么可以从他的教导中期待到。

　　科学哲学之拒绝提供道德劝导,是用鼓励使用认识思考去研究各种不同道德目的间的关系来加以补偿的。目的和手段之间,第一目的和第二目的之间的蕴涵关系是具有认识性质的;不可忘记,这一事实解决了许多伦理论争。我们遇到的道德决定,大多数〔316〕不涉及第一目的,而涉及第二目的;他们所要求的一切只是对被考虑的决定对于实现某种基本目的所会提供的贡献进行分析。政治决定实际上都是这种形式的。例如,政府是否应该控制物价是必须用经济分析来回答的问题;尽可能多生产一些低价的商品这一伦理目的是不在被讨论之列的。但是,科学哲学家把道德蕴涵关系算为认识性的蕴涵关系,就从哲学领域中消除了对这种关系的讨论,同时在社会科学领域中给它们安排了一个位置。对伦理学进行逻辑分析之后可以看到,正如在物理学中一样,许多素来被认为是哲学问题的问题,必须由经验科学来回答。哲学史一次又一次地指出,哲学家所提的问题都交给科学家去回答了。这样的话,答案只会更深信、更可靠。那些请求哲学家作生活上指导的人们,当哲学家要他们上心理学家、社会科学家那里去时,应该感激才对;在这些经验科学中累积的知识可以提供的回答要比收集在哲学家的著作中的答案好得多。思辨哲学家的伦理体系往往建筑在过去时代的心理状态和社会结构之上;像他们的理论体系一样,这些伦理体系所提出的哲学结论只是一个暂时的知识阶段的产物而已。科学哲学家把他对伦理学的贡献归结为弄明白它的逻辑结构,从而摆脱了这种错误。

科学哲学家虽然拒绝作出伦理劝导,但他仍旧愿意按照自己的纲领讨论伦理劝导的性质,从而把他的分析澄清方法推广到去研究这种人类活动的逻辑方面。伦理劝导可以采取三种方式作[317]出:第一种,劝导者企图促使一个人接受劝导者认为是善的道德目的。第二种,劝导者询问这个人,他的目的是什么,然后告诉他一些适合于帮助他达到目的的蕴涵式。第三种,劝导者不采取询问方式而采取观察他的行为并从之推论这个人所追求的目的是什么;然后把这些目的用语言陈述出来,并像前面一样,告诉这个人有关达致这些目的的一些蕴涵式。

属于第一种方式的是政治家、宗教人士、其他种种独断伦理学的鼓吹者的劝导。第二种方式之下,劝导者担当着心理学专家的职能,像一个回答有关各种职业的就业准备方法问题的职业顾问一样。第三种方式下,劝导者所担承的工作是解释一个人的行为。由于人们常常不很明白自己的目的,毫不考虑自己的用意而做许多事情,劝导者有时候也许能够告诉这个人他"真正要的"是什么。这意味着他能够对一个人的行为作出合情合理的解释,诱导他公开地想望他至今尚未明白想望过的东西。这样,劝导者就能够对这个人的心理状态具有巨大影响,帮助他弄明白他的意愿,他的这种功能在某些方面就类似于通过逻辑分析而完成的对于意义的澄清。这种劝导方式是最有效果的一种,要求劝导者具有高度的学识本领,要求他具有足够的心理理解以及对社会条件的广博知识。

只有在第一种方式中,劝导的主观成分是显然的;但在第二种和第三种方式中,主观成分通常也存在。劝导者之乐意于把达到[318]

目的的手段告诉一个人，只在他赞同这些目的时，至少在某种程度上是如此。例如，一个民主伦理的鼓吹者就不会愿意给一个极权主义政府出主意，建议达到它的目的的手段，除非他"出卖了灵魂"——这是大多数人会视为不道德的一种行为。因此，出于本心的劝导永不会是纯然客观的；劝导者必然是形成目的的积极参与者，一个道德的推动者，他在他的工作的认识部分之外还要承担起一种行动的职能。

有人论证，劝导之所以是客观的，因为受劝导者接受了劝导并在他的个人生活中实行之后，常常承认他现在才知道他要的是什么，他感到比以前幸福了。然而，这种结果仍旧不是客观性的证明。人类的人格是可塑的，如果这个人曾处在指导他达到很不同的目的的劝导者们的影响之下，他也会感到幸福和感到陶醉而称颂他们的劝导。极权主义社会的追随者们常常像民主社会中的人一样愉快而自信，但是也极可能，他们之中任何一个都会接受相反的目的，只要在相应的环境里成长起来。伦理劝导不能用它的心理方面的成功被证明为正当。劝导者应该知道：他是在诱导一个人去做作为劝导者的他自己认为是正确的事；负有责任的是劝导者；想摆脱自己意愿的约束，而逃避到通过对人的行为进行心理学的研究而揭示出来的客观道德中去，那是办不到的。心理学能够告诉我们人们要什么，但不能告诉我们人们**应该**要什么，如果"应[319]该"一词指的是一种非蕴涵的意义——同时，蕴涵意义的"应该"也是不能建立一种客观道德的，因为它不能确证第一目的的正确性。

科学哲学对于伦理问题所提出的解答，在许多方面像对于几何学问题所找到的解答。这种解答在第 8 章里已作了说明：过去的数学家们虽然视整个几何学是一种数学必然性,今天的数学家们却把这种必然的性质限制在公理与定理之间的蕴涵里,并把公理本身从数学确断的领域里排除出去。同样地,科学哲学家区别开了伦理公理或前提和伦理蕴涵,他只认为这些蕴涵式是可得到逻辑证明的。然而,这里也有一个根本性的区别。当几何学公理被视为根据同等定义并由观察加以证明的物理学陈述时,是可以成为真的陈述的;这样它们就具有了经验的真理性。伦理学公理则不然,它们完全不能成为认识性的陈述;不论处在怎样的解释中,它们都不能被称为是真的。它们是一些意愿决定,当科学哲学家否认有科学的伦理学的可能时,他所根据的就是这一事实。他绝不会否认社会科学在伦理决定的一切应用中起着重要作用。同时他也不想说,这些所谓公理都是不可更改的前提,在一切时候,一切条件下都有效的。甚至一般性的伦理前提也可以随着社会环境而变化,当它们被称为公理时,这个名词只不过是指,从当时当地的各种关系中来说,它们是不容怀疑的。

伦理学包含着一个认识成分和一个意愿成分,那些认识性的蕴涵式无论如何不能完全排除意愿决定,即使它们也能够把这种意愿决定的数目缩减成为少数几个基本决定。决定和蕴涵之间的〔320〕逻辑关系可以用下列分析来加以说明。设一个人同时想要达到目的 A 和 B。社会科学家问他证明,A 蕴涵非 B。他现在是否必须放弃 B 呢? 当然不一定。他很可以放弃 A 而决定要 B。如果他认为 B 是他认为更喜欢的目的,他就将这样办。一个伦理蕴涵并不告诉人他应做什么;它只是提出东西来让他选择。选择是他的意愿问题;没有认识蕴涵可以免除他进行这种个人选择。

例如,一个人想望国家之间的和平;但他也要自由而不受独裁统治。他发现,在某些条件下独裁政治只能用武力来推翻。这是否得出,如果有那些条件,他应用武力来反对独裁者? 这个结果会是错误的。得出的是,他不能同时兼得和平和自由。这两个目的之中他应选择哪一个,全取决于他。"自由蕴涵着战争"这个认识蕴涵只是促使他作出选择,而并不告诉他应选择什么。

这一分析也可以使人明白,绝对目的,即是,在一切情况下为人追求的目的是没有的。每一个目的都可以根据它的后果受到批判。如果一个目的要求使用某些手段,而那些手段是我们视为对某些别的目的有妨碍的,如果那些别的目的在我们看来又高于前面一种目的,那么我们就将放弃前面一种目的。目的可以证明手段为正当,不错,但相反地,手段也可以用来否定目的。目的—手段蕴涵并不提供证据,说这些手段必须被采用;它只证明一种非此即彼的关系;它证明,我们要末使用这些手段,要末就放弃这个目的。至于这个选择则是要由每一个人自己来作的。

〔321〕    有时候,再知道一些蕴涵式,会是有帮助的。如果要在 A 和 B 之间作选择,知道 A 是目的 C 所要求的,B 是目的 D 所要求的,可能是有用的。人们可以不在 A 和 B 之间衡量,而在 C 和 D 之间衡量。例如,一个人可以得到一个薪金优厚的职位,然而,这个职位会使他追随他至今强烈反对的政治意见。现在他需要钱给孩子们受高等教育;但如果他成了一个政治上的蜕化变质者他就将失去自尊心并失去朋友们的尊重。原始的在薪金优厚的职位和忠于自己的政治主张之间的选择就化为获得子女教育费和维持他的人格完整之间的选择了。这一例子说明决定的移转并没有使选择

的困难减轻多少；但在另一些例子中，在目的 C 和 D 之间选择可能比在目的 A 和 B 之间选择容易些。然而，明显的是，不管怎么样移转，我们都得作出不能由认识手段解决的选择。我们的意愿是我们作决定的最终工具。

　　我想在这里表示一下，我希望我的表述将打开一条通路，取得实用主义哲学家们的谅解，实用主义哲学家们是主张有一种科学的伦理学存在的。其实，在他们的表述和我的表述之间，所不同的只是说法而已，如果"科学的伦理学"所指的是一种使用科学方法在目的和手段之间建立蕴涵的伦理学。也许，那就是实用主义者所要说的一切；但我还是很希望能在实用主义哲学家们的著作中看到清楚明白的陈述，公开地把一切用认识手段确认第一目的为有效的企图都斥为不科学的。实用主义者高谈人类需要；但人有需要并不一定能证明需要是善的。如果需要或目的可以从人的行〔322〕为中推论出来，对于明白陈述这种目的将大有帮助；但是，提出旨在澄清和满足需要的劝导的人都从他的行为上表示出，他认为这种需要不只是存在的，而且也是善的。如果明白地为人看出，这里所使用的"善"这个词，意味着劝导者赞同他所揭示的目的，那么实用主义者在行使伦理劝导者的职能时就受人欢迎了。

　　一个劝导者一方面公开承认这种解释，他一方面也可以坚持主张，例如，一个医生应该保守职务秘密；因为，如果病者不能得到自己的个人历史秘密不为人泄露的保障，医生医治病者的目的将会受到阻碍。他也可以论证，科学研究在方法上虽然是纯粹认识性的，但构成着对于某些目的的追求，这些目的是附带着社会蕴涵的。真理的追求只有在自由和诚然之中才可能成功，不愿意捍卫这些伦理公设的科学家就会违反他自己的工作的利益。这个论证并不意味着科学定理蕴涵道德命令,而是意味着,由科学家活动所表示的伦理目的蕴涵着道德命令。

　　建立这样一种社会伦理学,对于社会机体的功能行使是一个重要贡献。它使用社会学这门科学来制定一些适应于人类社会中一个人的地位的行为规条。如果大家一致认为这不是一门科学,我也不想反对称这种伦理体系为科学的伦理学。它之为科学的,一如医学和机器工业之为科学的,意义是一样的,它是一种社会工程设计,即是说,它是这样一种活动:通过这种活动,认识性科学的

[323]结果被用于追求人的目的。这些目的本身不能通过认识或通过科学被确认为正当。它们所表示的是意愿决定,没有一个科学家能免除任何人听从他自己的意志。科学家甚至不能不听从**他自己的**意志来提出道德劝导。他在承担起伦理劝导者的职能时他已超出了科学的疆界,而参与了那些想把人类社会按照他们断定为正确的模式加以塑造的人们的工作了。

　　一种科学哲学不能提供道德指导;那是它的结果之一,是不能被用来反驳它的。你要真理,只要真理而不要别的吗? 那么就不要向哲学家要道德指导。那些愿意从他们的哲学中推导出道德指令来的哲学家们只能给你一个虚假的证据。要求不可能的东西是无益的。

　　因此,对于寻求道德指导的回答与对于寻求确定性的回答是一样的:这二者都是对于不可获致的目的的要求。指出这两个目的是逻辑推理所不能达致的,现代科学哲学就达致了一个认识上的结果,这对于人类如何对待传统哲学目的有伟大的意义。它要

求放弃这些目的。但是,放弃不可能的东西并不就是意味着退避。否定的真理可以得出肯定的指导:把你的目的移到可达致的东西上去。这一指导是从达致目的的意愿中得出的;它表达了一个极平常的蕴涵;如果你要达到你的目的,那就不要去追求达不到的目的。

古希腊德洛斯神庙里有一座很精确的立方形的金质祭坛。有一次发生了疫疠,德洛斯人求得了这样的神示:如果要使他们的神满意,他们得把祭坛的体积精密地增加一倍,并仍旧造成为立方形,祭师们去咨询数学家,怎样算出体积为给定立方体的一倍的一〔324〕个立方体的边的长度;但数学家都得不出这个问题的精确解答。我一直认为,一个体积近似地增加一倍的立方体也许会使神满意的;一个希腊金匠一定也能达致高度近似结果的。但是希腊数学家们不肯接受这种变通的解决办法;他们要真理,只要真理而不要任何其他。花了两千年才找到正确的答案;而这个答案还是否定的:用通常意义中的几何方法使一个立方体的体积精确地增加一倍不可能。希腊数学家们是否应该因为答案是否定的而拒绝接受呢? 要真理的人,当真理是否定时,一定不可以失望。与其去要求不可达致的东西,不如得到一个否定的答案。

要对于世界获致一种具有数学真理那样确定性的知识是不可能的;要建立具有数学真理或即使是经验真理那样的有力的客观性的道德指导是不可能的。这是科学哲学发现的真理之一。绝对确定性问题,以及用类比于知识的办法来建立一种伦理学的问题的答案是否定的;这是对于古老的探索的一个现代答案。如果有人议论说,因为科学哲学并不保证确定性,并不提供道德指导,他对于它感到失望,那么就把德洛斯的立方体的故事说给他听一听好了。

＊　　　＊　　　＊

[325] 把旧哲学和新哲学进行比较,是历史家的事情,也使所有那些在旧哲学中教养大并想了解新哲学的人感兴趣。那些研究新哲学的人则并不向后看,他们的工作是不会从历史方面的考虑中得到什么利益的。他们像柏拉图或康德那样是非历史主义的,因为他们像旧近代的哲学大师们一样,只对他们所研究的主题感兴趣;而不关心它对于以前时代的关系。我并不想缩小哲学史的意义;但我们应该时时刻刻记住,这是历史,而不是哲学。像一切历史研究一样,它应该采用科学方法和心理学的与社会学的解释来进行。而不应把哲学史写成为许多真理的总集。在传统哲学里,错误比真理多;因此,只有具有批判头脑的人才能是合格的哲学史家。把过去的各种哲学赞颂一番,把种种哲学体系说成为智慧的种种形式,各个都有自己的权利,已经摧毁了今日这一代人的哲学能力。那种做法诱导研究者采取一种哲学相对主义,相信世界上只有各种哲学见解而没有哲学真理。

科学哲学企图摆脱历史主义而用逻辑分析方法达到像我们今天的科学结果那样精确、完备、可靠的结论。它坚持真理问题必须在哲学中提出,其意义与在科学中提出一样。它不自称能获得绝对真理,它否认有绝对真理的存在,而只追求经验知识。因它关切知识的现状并发展这种知识的理论,新哲学本身就是经验的,并且满足于经验真理。像科学家一样,科学哲学家所能够的只是寻求

[326] 他最好的假定。但那是他能做的;他也愿意怀着科学工作中所不

可缺少的不屈不挠的精神、自我批评以及乐于作新的尝试的心情去做。如果错误一被认出为错误就得到纠正,那么错误的道路也就是真理的道路了。

# 索　引

（数字表示原书页码，即本书边码）

①　原书误作 position。——中译本编者